◇ 跨学科创新实践教育丛书 ◇　　张民生　主编

Arduino
创｜客｜之｜路

和孩子一起玩中学

季隽　傅瑛　著

上海科技教育出版社

图书在版编目（CIP）数据

Arduino创客之路：和孩子一起玩中学/季隽，傅瑛著.
—上海：上海科技教育出版社，2016.11（2019.7重印）
（跨学科创新实践教育丛书）
ISBN 978-7-5428-6460-4

Ⅰ.①A… Ⅱ.①季… ②傅… Ⅲ.①单片微型计算
机—程序设计—青少年读物 Ⅳ.①TP368.1-49

中国版本图书馆CIP数据核字（2016）第192577号

责任编辑 谢俊华
装帧设计 李梦雪

跨学科创新实践教育丛书
Arduino创客之路——和孩子一起玩中学
季隽 傅瑛 著

出版发行 上海科技教育出版社有限公司
（上海市柳州路218号 邮政编码200235）

网 址	www.sste.com www.ewen.co	
经 销	各地新华书店	
印 刷	上海景条印刷有限公司	
开 本	787×1092 1/16	
印 张	22	
版 次	2016年11月第1版	
印 次	2019年7月第3次印刷	
书 号	ISBN 978-7-5428-6460-4/G·3699	
定 价	88.00元	

在中小学课程改革中，要重点关注跨学科、实践与创新

自 STEM（科学、技术、工程、数学）教育被美国提升到国家战略地位以来，受到各国高度关注。在我国，STEM、STEAM（A 指艺术）、STEM+（+泛指其他学科）也成为热词，关注度很高，一些学校和机构已开展了相应的课程实验。STEM 教育起源于美国，其背景主要有三：一是面向未来，美国认为 STEM 人才十分重要，关乎到国家的全球核心竞争力；二是当前美国 STEM 人才匮乏，高等教育中，STEM 领域学生的入学率和保有率持续下降；三是美国中小学生在 S（科学）、M（数学）上的表现不如人意，这在历次 PISA（Program for International Student Assessment，国际学生评估项目）测试中已反映出来。

当我们借鉴 STEM 教育时，有一个必须思考的问题：怎样正确认识它对我国教育改革的价值？中国教育与美国教育有共性，但也有很大的差别，教育作为培养人的工作，应当始终植根于本土之中，同时又是开放和面向未来的。对这一问题，国际教育界也有一些分析值得借鉴。如有专家提出："从其诞生的背景看，STEM 教育具有功利主义的性质……当我们思考 STEM 教育的价值时，必须将为市场服务的功利主义框架转化为知识创造框架，追寻 STEM 教育的知识价值和教育内在价值，否则会让原来功利主义的科学教育雪上加霜。"

由于我国当前教育改革的诸多方面与美国提出 STEM 教育的背景和思考有相似之处，因此，借鉴 STEM 教育应该是有价值的，但必须在本土化过程中，在更好地发挥其教育价值方面进行深入地思考和探索。

首先，STEM 教育及其拓展是以跨学科、综合性为重要特征。我国的基础教育课程历来十分注重学科课程，近年的课改开始重视综合性课程和跨学科课程（如全国课改中的科学课程、综合实践活动课程，上海课改中的研究型课程、科学与艺术课程）。但在实施中，这些课程远未达到应有的水平。而就"教育面向未来多变的社会"而言，综合性、跨学科的知识和能力越来越重要，这也是我国当前课改中最新提出的培养学生发展核心素养（即必备品格与关键能力）的重要原因。因此，在课改中加强跨学科

课程建设和跨学科学习尤显重要。当然，我们还应从更宽的角度考虑"跨"，如文跨、理跨、文理跨，以及课程之间的跨、学习主题之间的跨。"跨"和综合不应是不同学科（或学习主题）的拼盘与混合，而应是融合和整合，是实质上的跨，而非形式上的跨。香港的课改有跨学科学习，又有全方位学习，值得我们借鉴。

STEM 教育把技术和工程放在突出的位置。英国的中小学也有类似的 D&T（Design and Technology，设计与技术）课程。事实上，当今社会，在社会生活、经济发展、科学探索、军事斗争等各个领域中，大大小小的各种问题（主题、项目等）绝大多数都与技术和工程有关。然而，我国中小学课程中技术教育（不包括信息技术教育）没有到位，工程教育则是缺位，这对于作为制造大国的中国而言，不能不说是一个严重的不足。

再者，美国最近发布的中小学《新一代科学教育标准》中，特别重视实践（科学与工程实践），这使我们想起，上世纪九十年代末东亚金融风暴时，中央提出"创新是一个民族进步的灵魂"，由此，素质教育的内涵明确为以德育为核心，创新精神和实践能力的培养为重点。时至今日，在素质教育的推进中，对创新有了不少研究和实验，但在实践方面，无论是认识、研究还是行动都是很不够的。《新一代科学教育标准》中，还提出应以科学实践代替科学探究。知识的学习、升华和应用离不开实践，学生能力的形成离不开实践，创新也离不开实践。

重视实践，力行实践，必须在学生的"做"和"动"中落实：有项目、有创意；学生动手、动脑、合作；过程中有失败、有成功。这样学生就能真体悟、真成长。

实践应渗入到平时所有的学与教活动中，也可以是专门的实践活动，例如"创客活动"，它把学习与实践结合起来，实现了创新与创造。创客活动可发展为"创客教育"，它具备特有的教育价值（如创客文化）。这样的例子还有很多，实验表明，这样的活动深受学生欢迎。

对于"创客"，现今社会的关注度和参与度越来越大，参与其中的学生的反应令人印象深刻，他们的自信心、兴奋度都是一般学习过程难以达到的，这促使我们深入思考很多问题。我们常说要培养学生某种能力，于是设计了很多方案，而学生就进入了一种"被培养"的状态，而能力似乎并不能在这种"被"的状态下形成。在创客教育中学生处于一种主动的状态，要进入这种状态，教师的作用不可或缺，这种作用的力点和方向与传统不一样，它所撬动的是"我要创""我要做"以及"我要如何做"。

推进改革必须针对现实问题。我们的课程改革既可是全面（涉及全部课程）的，也可是部分学科和领域的，前者是全面的考虑和布局，后者是对社会和受教育者需求的及时回应。当然也可是两者的结合，即既有全面规划，又突出重点，本丛书就是想为此作点贡献。

丛书主编　张民生

2016 年 2 月

主编简介：

张民生，国家教育咨询委员会委员，上海教育综合改革咨询委员会委员，原上海市教育委员会副主任，中国教育学会副会长，上海市教育学会会长。

如果您是一位家长，希望和自己的孩子在周末能一起动手制作一些好玩的东西；如果您还在上学，想亲手制作遥控车、遥控船或其他与科技相关的作品；如果您是一位老师，想帮助学生从动手实践中获得学习的乐趣并深刻理解知识间的联系；如果您想成为创客，但不知从何着手——那么，本书正是写给您的。

本书提供大量精心设计的实验、项目和案例。通过动手制作，读者不仅能制作出许多好玩的作品，还能够体验如何将想法变成现实。本书的目的不是要使读者成为一名硬件工程师或者程序员，而是希望帮助读者利用一些常见的材料和一台普通的计算机去实现各种想法。书中凝聚了写作团队关于 Arduino 开源硬件的使用经验和美国教育学家杜威（1859—1952）的"做中学"理念，以期给读者提供一本可以玩的书。

"给学生一些事情或东西去做，而不要扔给他们一堆东西去学。在做的过程中自然会引发思考，进而产生学习结果。"约翰·杜威很久以前说的这番话在今天更能引起共鸣。如今的孩子一进入学校，作业和考试成了他们生活的主要内容。久而久之，成绩甚至代替了学习的意义，变成了首要目标。其实过去几十年间，不仅中国，全球都经历了追求标准化考试成绩的历程。然而有趣的是，当人们已经习惯把知识的多少和正确率看做教育水平的标尺时，社会却已经从工业时代进入了信息时代。

当知识的获取变得更容易，当大多数问题解决都要经过设计、尝试、验证、反思等主动的探究过程时，学习的目的和价值是什么呢？最近几年经常听到"深度学习""项目式学习""基于问题的学习""STEM 教育"等理念，它们均从各自的角度聚焦于复杂问题的解决。通过创客文化的形式在信息时代获得重生的"做中学"理论，认为对于复杂问题的解决策略不是死记硬背，而是通过动手做来鼓励思考提问。

本书的内容结构如下图所示，第一、二两章帮助读者配置开发环境，详细了解 Arduino 最基本的概念和用法。第三到第八章关注创客项目开发。第九和第十章引导读者体验物联网、计算机视觉、科学活动等其他类型的项目。纵向的章节是主干，建议按序逐一进行。横向箭头所指的是扩展章节，不读并不影响后续章节项目的学习制作，读者可自行选择。

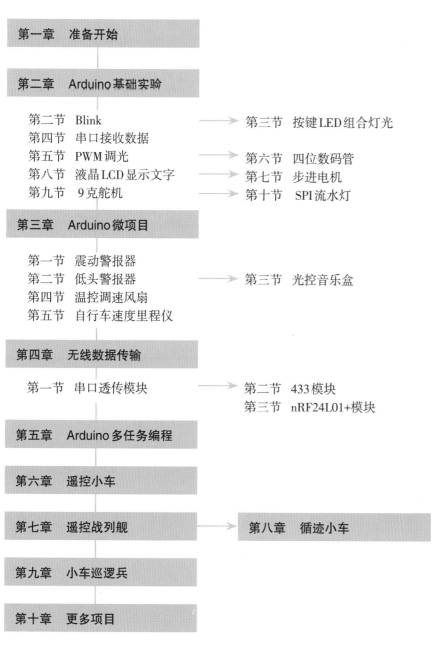

第一章　准备开始

第二章　Arduino 基础实验

第二节　Blink　→　第三节　按键 LED 组合灯光
第四节　串口接收数据
第五节　PWM 调光　→　第六节　四位数码管
第八节　液晶 LCD 显示文字　→　第七节　步进电机
第九节　9 克舵机　→　第十节　SPI 流水灯

第三章　Arduino 微项目

第一节　震动警报器
第二节　低头警报器　→　第三节　光控音乐盒
第四节　温控调速风扇
第五节　自行车速度里程仪

第四章　无线数据传输

第一节　串口透传模块　→　第二节　433 模块
　　　　　　　　　　　　第三节　nRF24L01+模块

第五章　Arduino 多任务编程

第六章　遥控小车

第七章　遥控战列舰　→　第八章　循迹小车

第九章　小车巡逻兵

第十章　更多项目

　　为了减轻读者的认知负担，我们在纸质书的基础上提供了配套的学习支持网站。1. 凡涉及元器件连接、测试效果等文字表述冗长的内容书中都提供了二维码。读者只要手机或 iPad 扫描即可观看演示视频。2. 实践的过程中遇到问题可发布到网站上，既可请专人回答，亦可以相互帮助学习。3. 可预约面对面实时讲解或现场指导。4. 提供作品展示与分享平台。

　　本书创作过程中得到了大量帮助，在此一并致谢。首先感谢上海科技教育出版社的凌玲副总编和丁祎主任在一个冬天的傍晚耐心听完我的计划，并在随后两年多时间里一直给予热忱和专业的帮助。感谢唐璐、谢俊华、胡杨编辑对本书提出的建议，以及出版过程中所做的大量辛勤工作。感谢上海市莘松中学陆振洋老师参与循迹小车项目的设计与原型开发工作，以及巡逻兵项目的探索，这给我们提供了大量宝贵的经验。感谢上海师范大学教育技术系的王丹丹，在项目最艰苦的阶段承受了巨大压力，协同作者完成大量文字编写、测试、作图和视频拍摄工作。同样感谢上海师大的孙丽丽、蔡真真、朱青云、高思鑫、林晟帮忙完成初稿检测、实证研究，以及倪强、郑磊、印钟佳完成大量视频的拍摄与编辑工作。感谢上师大计算中心的刘帅承担了网站平台方面的具体开发工作。

最后也深感荣幸《跨学科创新实践教育丛书》将本书纳入其中。正如总序中提出学习应该是主动的而非被动的，本书的理念认为一个人受教育的成果不仅要以能够正确回答多少问题来衡量，更要以能够提出多少个有价值的好问题来衡量。创客项目的灵魂正是一个有趣的问题。

本书作者 季隽
2016 年 8 月

作者简介：

季隽，上海师范大学教育技术系副教授，博士，系副主任。

傅瑛，上海师范大学教育技术系讲师。

附录

第一章　准备开始

本章将通过控制 LED 亮灭的案例来说明 Arduino 的作用。在动手制作的过程中，您将了解如何安装开发环境，如何将程序代码载入 Arduino 板以及如何用程序控制灯的亮灭。

第一节　Arduino 的作用

1. 手动控制 LED 亮灭

　　LED 是一种通电后会发出亮光的电子器件。如图 1 所示，在面包板上插入一个 LED，串联一个 220Ω 的电阻，最后，连接两节 5 号干电池。连接完成的实物图如图 2 所示。LED 较长的引脚是正极，连接电池的正极；较短的是负极，连接电池的负极。电路接通后，电流从电池的正极流出，经过 LED 流回电池的负极，LED 发光。连接电阻是为了防止流经 LED 的电流太大烧毁器件所采取的保护措施。请扫描二维码，查看电路连接。

电路连接过程

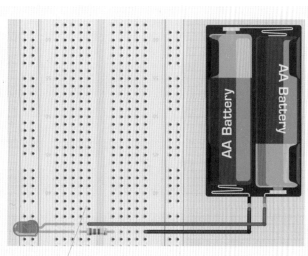

注意 LED、电阻和导线之间的连接

图 1　电路接线图

1

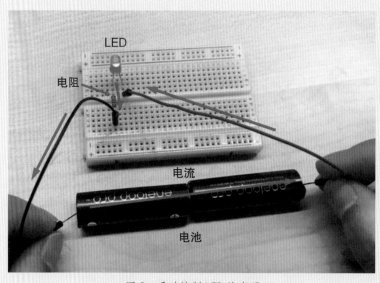

图 2　手动控制 LED 的亮灭

整个电路接通时，LED 发出亮光，断开电路则 LED 也随之熄灭。请按图将器件串联起来，试试看，您能让 LED 发光吗？

2. 自动控制 LED 亮灭

如果要让 LED 每隔半秒亮一次，该怎么办？可以考虑捏着 LED 的引脚每隔半秒接触一次电池，但是这样既不能很精确地保证灯半秒亮一次，也不可能一直持续下去。再进一步，如果要每隔 0.1 秒亮一次，还能依靠手动控制吗？尽管历史上的莫尔斯电报就是用手动控制连接和断开电路来进行信号发送的，且信号的长度可以精确到 0.1 秒，但是成为一名合格的发报员需要经过长期的培训。随着电子技术的发展，我们可以使用 Arduino 这类可编程的微控制器，以自动化的方式控制 LED 亮灭。

背景故事

莫尔斯电报是如何传递信息的呢？在发送电报时，电键将电路接通或断开。信息是以"点"和"划"的电码形式传递，发一个"点"需要 0.1 秒，发一"划"需要 0.3 秒。而电信号的状态有两种：按键时有电流，不按键时无电流。有电流时称为传号，用数字"1"表示；无电流时叫空号，用数字"0"表示。这样，一个"点"就用"1 0"表示，一个"划"就用"1 1 1 0"表示。莫尔斯电报将要传送的字母或数字用不同排列顺序的"点和划"来表示，这就是莫尔斯电码，也是电信史上最早的编码。

3. Arduino 简介

硬件上，Arduino 是一块电路板，常见的是 UNO 型号（无特殊说明，本书中使用的均为此型号），其他型号有 Nano、Leonardo、Mega 等，如图 3 所示。

Nano

Leonardo

Mega

图 3　其他型号的 Arduino

手拿 Arduino 电路板的时候，要捏 Arduino 电路板的侧面，如图 4 所示，避免人体静电对 Arduino 造成伤害。在北方气候比较干燥的情况下，接触 Arduino 电路板之前，可以先触摸一下金属物体，放掉身体上的静电。在使用 Arduino 电路板时，电路板的下方不要放置金属导线，防止 Arduino 电路板短路。

图 4　拿板的两侧

如图 5 所示，蓝色基板上有一块单片机（有很多引脚的长方形集成电路块），可理解为一个极度简化的计算机。尽管单片机的性能和电脑不可相提并论，但运算速度足以控制一个小机器人或一架遥控飞机。板子边上一圈黑色的插孔连接着单片机的引脚，通过这些引脚可连接各种外部传感器和执行器，读取数据或控制运作。从图 6 上看到

图 5　Arduino 上的单片机

8 号引脚连着 LED 的正极，GND 引脚连着负极。

　　但是仅有硬件还不够，必须有配套的软件才能开发程序。Arduino 的特别之处在于它将以前只有受过专业训练的电子工程师才能写的程序，通过编程工具简化到小学生也能编写。所以除了开发板硬件外，Arduino 包括函数库、语言和编程工具。

　　借助 Arduino 的硬件和软件，人们可以把想法用程序描述，然后放到电路板上运行。接下来的第二节将介绍如何安装编程工具，第三节将采用 Arduino 控制 LED 的亮灭。

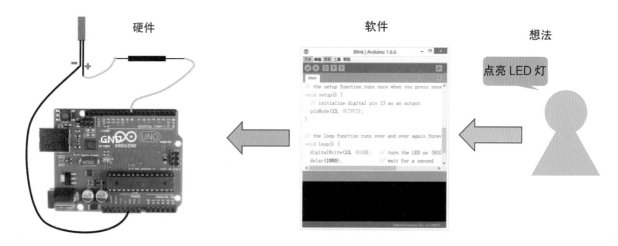

图 6　借助 Arduino 实现控制

第二节　安装 Arduino 开发环境

Arduino 开发环境可以在 Windows 和 Mac 系统上安装。因为本书的项目是在 Windows 环境下开发的，所以，这里以 Windows 环境为例展示安装步骤。大致的流程是：安装 IDE，连接 UNO 开发板，上传测试程序（Blink）到开发板，观察测试程序是否正常工作。

1. 下载并安装 IDE

IDE 是 Integrated Development Environment 的缩写，也称为集成开发环境，但人们一般都喜欢简短些的名字，所以简称 IDE。首先到 arduino.cc 网站下载 Arduino 的 Windows 安装包，然后根据提示安装。IDE 安装过程中会提示需要安装驱动，确认安装即可。

Arduino 开发环境的安装过程

2. 连接电脑和开发板

（1）将 UNO 电路板和电脑用 USB 线相连，然后观察屏幕右下角是否提示驱动安装成功。

Tips

驱动安装失败的主要原因是安装精简版 Windows 导致缺少部分系统文件造成的。请扫描二维码，到本书资源网站查看解决办法。

驱动安装失败解决办法

图 1　USB 线连接 Arduino 和 PC 机

（2）双击生成的图标启动 IDE，并选择开发板的类型和端口号。

选择板的类型：工具→开发板→ Arduino/Genuino UNO

选择端口号：工具→端口→ COM10（Arduino/Genuino UNO）

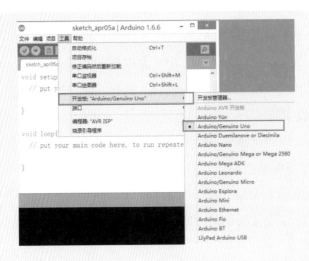

图 2　选择开发板类型

需要注意的是，在不同的电脑上，出现的端口号可能是不同的，这里是 COM10，但你的电脑上可能不是 COM10。这时应选择 Arduino 主板与电脑相连后出现的带有"Ardunio/Genuino UNO"的端口。

图 3　选择 Arduino 端口

3. 载入 Blink 程序并运行

从菜单中选择"文件"→"示例"→"01.Basic"→"Blink"。Blink 程序的作用是让 Arduino 主板上 13 号引脚控制的板载 LED 每隔 1 秒点亮一次。

图 4　载入 Blink 程序

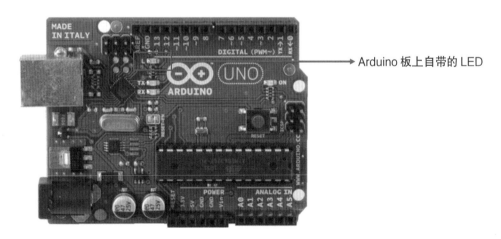

Arduino 板上自带的 LED

图 5　与 13 号引脚相连的 LED

程序载入后，点击上传按钮，将程序上传至 Arduino 主板。

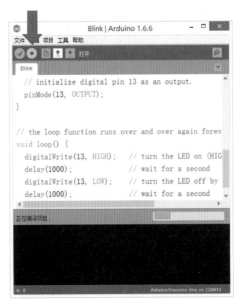

图 6　上传程序

4. 观察程序是否正常运行

观察与 13 号引脚相连的 LED 是否闪烁。若闪烁，则表明 Arduino 的硬件和软件均工作正常。请扫描二维码，查看实验效果。

实验效果

图 7　闪烁的 LED

第三节　用 Arduino 控制 LED 亮灭

上一节中已使用 Blink 程序让板载的 LED 实现亮灭。本节中，只要对程序稍作修改即能控制连接在其他引脚上的 LED。

1. 观察 Blink 程序的运行

UNO 主板通电后，首先执行 setup() 里的代码，目的是初始化将使用的引脚。Setup 只会执行一次，通常准备工作都在这里完成。接着，UNO 主板就会一遍又一遍地执行 loop() 里的代码，直到断电为止。loop 是将 13 号引脚的电压设为高（5V），保持 1 秒，再设为低（0V），也保持 1 秒，当循环执行 loop 时，就出现 LED 交替亮灭的效果了。

注意：程序中的时间单位均为毫秒。

　　　　双斜线后的是注释文字，不参与程序运行。

```
// 代码：Blink 程序
// 通电后 setup 执行一次，然后执行 loop。
   void setup() {
    pinMode(13, OUTPUT);  // 将 13 号引脚设为输出。
   }


// loop 中的代码会循环执行，直到断电。
   void loop() {
    digitalWrite(13, HIGH);     // 将 13 号引脚电压设为高
    delay(1000);                // 等待 1000 毫秒（1 秒）
    digitalWrite(13, LOW);      // 将引脚电压设为低
    delay(1000);                // 等待 1 秒
   }
```

2. 连接电路

首先将 LED 与 1K 电阻串联，然后把 LED 的正极插到 8 号引脚，负极插到 GND 引脚，如图 1 所示。请扫描二维码，查看电路连接过程。

电路连接过程

图 1　Arduino 连接 LED

3. 修改 Blink 程序

将程序中所有的 13 改为 8，并点击  将程序上传至 Arduino 主板。能看到 LED 闪烁吗？扫描二维码，查看实验效果。

实验效果

本章小结

通过Arduino控制LED的案例，了解了如何用程序控制引脚电压高低从而使LED亮灭，也了解了开发所用的软硬件工具和基本流程。LED的闪烁有什么意义呢？其实我们看到的是Arduino在和外界的"说话"。它的语言不是人类如歌的音调，而是高低变化的电压。当电压变化得足够快时，就能传递各种数据，实现各种控制。

您是否在困惑，这是不是需要学习模拟电路的知识呢？其实除了最简单的电压、电流、电阻概念，Arduino项目并不需要深奥的模拟电路知识。借助Arduino，所有的控制问题都转变为编程问题。在过去模拟电子时代，若要改变一盏灯闪烁的频率，必须改动它的硬件线路，而现在只需改变程序即可。本书中的所有项目，只要一个万用表测量电压、电阻就足矣，连电流都不需要测量。当然模拟电路的知识可以帮助我们产生更多有趣的想法。

我们已经通过程序实现每隔1秒点亮一个LED，假若现在增加LED的个数，你能同时点亮3个以上的LED，并且使这些LED每隔0.5秒点亮一次吗？可以采用蓝色或白色的LED做出警示灯的效果吗？

请扫描二维码上传你的作品与大家分享吧！你也可以通过扫描二维码查看已经上传的作品。

在线交流

第二章　Arduino 基础实验

通过第一章的学习，您是否已经在好奇：我们还能用 Arduino 做些什么呢？本章为您精心准备了九个项目，和您一同体验 Arduino 如何控制按键开关，如何实现 PWM 调光，如何控制舵机的转动……

第一节　Arduino 的引脚与接口

观察 UNO 主板，其上有许多插孔和接口。这一节将简单介绍这些插孔和接口的名称和作用，并在后续的实验中，详细了解它们的功能和使用方法。UNO 主板上的各类引脚和接口如图 1 所示。

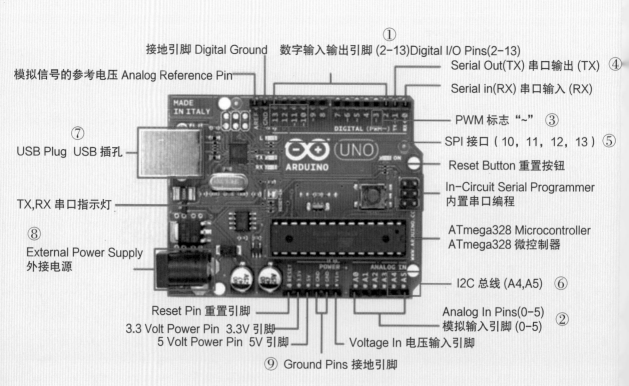

图 1　Arduino 的引脚和接口

1. 数字和模拟引脚

①数字引脚，标记为 2~13 的一排插孔。D 代表 Digital(数字)，表示这类引脚的电平只有高（5V）和低（0V）两种状态。数字引脚既可输出也可输入。

②模拟引脚，位于板底边右侧的一排插孔。A 代表 Analog(模拟)，指连续变化的量，在 0~5V 范围内变化，对应 0~1023 整数范围。模拟引脚只能输入，不能输出。

UNO 开发板接口与引脚

③PWM 引脚，是数字引脚中标有 PWM "~" 记号的插孔。这些引脚能够输出有变化的电压信号，可以用于控制电机的转速、舵机转动角度等有幅度变化的执行器。

2. 输入输出接口

相关引脚组合在一起构成了输入和输出接口。

④串行接口，由数字引脚 0（RX）和 1（TX）组成，TX 表示 Arduino 发送指令信息给接收端，RX 表示 Arduino 接受来自发射端的指令信息。

⑤SPI 接口，英文全称是 Serial Peripheral Interface，串口通信外围设备接口。可用来扩展数字引脚，也可用来连接 nRF24L01 + 网络模块。它一般有四根线组成，对应 Arduino 主板上的 10、11、12 和 13 引脚。SPI 主要用于串行数据的传输，传输速度比 TX 和 RX 串行接口更快。

⑥I2C 接口，I2C 是双向的两线连续总线，这两条总线对应 Arduino 主板上的 A4 和 A5 两个模拟引脚。它主要用于多块 Arduino 主板之间的连接和外部模块的通信。

⑦USB 接口，主要用于连接 PC 机，从 IDE 下载和调试程序。下载程序时，Arduino 板上 TX 和 RX 的指示灯会不停地闪烁。

3. 外部供电接口

⑧外接电源接口，用于为主板供电，其电压范围是 6~12V。Vin 用于给 Arduino 供电，要求非常稳定的 5V 电压输入。在熟悉 Arduino 之前，强烈建议不要用 Vin 供电，因为该引脚没有电压保护，易烧坏主板。建议用左侧的圆型插孔为 Arduino 供电。

⑨供电引脚，位于主板底边左侧的一排插孔，用于给外部器件供电。有 5V 和 3.3V 两种电压输出方式，GND 表示接地。

第二节　Blink

1. 实验目的

本实验是让一盏 LED 灯每隔一秒闪烁一次。目的是展示如何通过编程来控制 Arduino 数字引脚的电压高低。虽然实验效果并不绚丽，但足以说明 Arduino UNO 主板如何通过控制引脚电压与外部器件进行"对话"。

Tips

本实验和第一章 "准备开始"中所举的案例非常相似。若您已经知道如何使用面包板和万用表测电阻，可跳过此实验。

2. 认识器件

实验器件：LED（一个）、色环电阻（一个）、面包板和 Arduino UNO 主板（各一块）、USB 数据线（一条）、跳线（若干）。

（1）LED

LED 是 Light Emitting Diode 的缩写，中文称发光二极管。如图 1 所示，它有一长一短两个引脚，长引脚为正极，短的为

图 1　LED

负极，电流只能单向流过，电流流过时，便会发光。普通的红色 LED 正偏压降为 1.6V，黄色为 1.4V 左右，蓝、白色至少 2.5V，工作电流 5~20mA。因此，一般会将 LED 与电阻相连，避免 LED 被烧坏。

图 2　色环电阻

（2）色环电阻

色环电阻是在电阻的表面涂上一定颜色的色环，用来显示阻值。色环电阻一般在电

路中起到分压限流，保护电路中的器件，避免器件因电流过大而烧坏的作用。尽管可以通过色环的颜色来判断电阻阻值大小，但由于电阻实物较小，上面的颜色也常常看不清楚，因此，实验前应使用万用表来测量电阻值，万用表的使用介绍可查阅附录 2 "万用表的使用"。

（3）面包板

面包板的实物如图 3 所示。它用于连接各种器件，其优势在于避免焊接且易于改变器件的连线。由于板子上面有很多小插孔，像极面包，因此得名。

图 3　面包板

如图 4 所示，面包板的结构分为上、中、下三部分。上和下两部分是由两行插孔构成的窄条，中间部分是由中间一条隔离凹槽和上下各 5 行的隔离插孔构成。

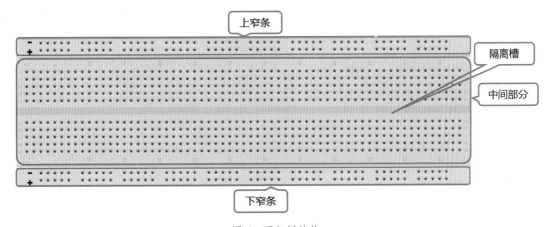

图 4　面包板结构

本节实验只使用中间部分的插孔，使用时应注意：

①中间部分的每一列都相通。如图 5 所示，绿色点的部分是通电的；但列与列之间不通。所以，如图 6 所示，电阻和导线接在同一列时导通，不在同一列时，则不导通。

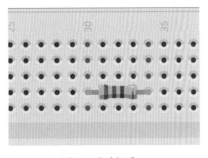

图 5　同列相通

15

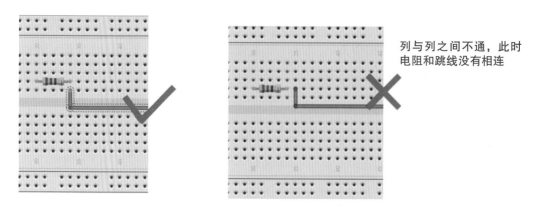

图 6　异列不通

②中间部分的凹槽将面包板分为上下区域，上下之间不连通，因此器件与跳线不能跨过凹槽进行串联，如图 7 所示。

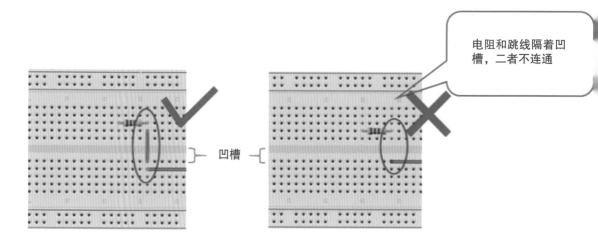

电阻和跳线隔着凹槽，二者不连通

凹槽

图 7　上下不通

（4）Arduino UNO 主板

Arduino UNO 主板如图 8 所示，前面已经介绍，它是一个单片机，上面有许多不同用处的引脚，工作电压为 5V。它利用引脚读取各种开关及传感器的信号来控制灯、电机等各种物理设备。

图 8　Arduino UNO 电路板

（5）USB 数据线

USB 数据线用来连接电脑和 UNO 主板，通过它为 UNO 主板供电，将代码烧录到 UNO 主板中。

图 9　USB 数据线

（6）跳线

如图 10 所示，跳线是两端成针状的金属导线，用于连接实验电路，传递信号。连接电路时，习惯用红色线接正极，黑色线接负极，这样便于区分。

图 10　跳线

3. 实验内容

通过每隔一秒改变一次 LED 两端的电压差，控制 LED 的点亮和熄灭，使 LED 呈现闪烁的效果。

（1）电路连接

连接电路时，注意看清 LED 的正负极，长端为正，短端为负，以免烧坏 LED 灯。扫描二维码，查看电路的接线过程。

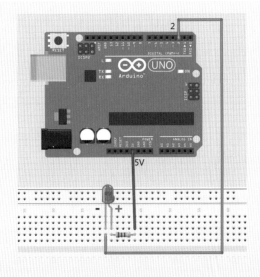

图 11　电路接线图

电路连接过程

如图 11 所示连接电路，为了避免电流过大烧毁 LED，需要串接一个电阻。将 LED 与电阻串联后，利用跳线将与电阻串联的 LED 的正极与 UNO 主板的 5V 引脚相连，LED 的负极与 UNO 主板的 2 号引脚相连。需要串联多大的电阻呢？可以参考计算方法：R（电阻值＋二极管电阻值）=V（电压）/I（二极管最大工作电流）。本实验中，串联 1kΩ 的电阻。

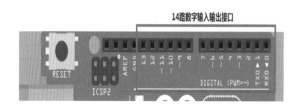

图 12　数字接口示意图

2 号引脚是数字引脚，用于传递数字信号。在 UNO 主板上一共有 14 个数字引脚（0~13），如图 12 所示，它们均用于传递数字信号（只有高、低电平，即 5V 或 0V 两种状态），其中带"~"标志的引脚不仅可以控制电压的高低，还可以用于传递 PWM 信号（这将在本章第五节"PWM 调光"中涉及）。此电路中的 LED 负极不是只能接 2 号引脚，也可以接其他数字引脚。

电路工作时，先通过 2 号引脚给 LED 一个低电平，使 LED 两端产生电压差，点亮 LED；1 秒后，再通过 2 号引脚给 LED 一个高电平，这时 LED 两端不存在电压差，LED 熄灭。重复这一过程，LED 便呈现闪烁的效果。

（2）代码编写

```
// 定义部分
#define led 2// 定义数字引脚 2 的名字为 led，凡遇到 led 这个名字就用 2 代替。
// 初始化部分
void setup()
{
pinMode(led,OUTPUT); // 定义 led 引脚为输出模式
}
// 循环函数部分
void loop()
```

```
{
    digitalWrite(led,LOW);        //led 引脚输出低电平，点亮 LED。
    delay(1000);                  //LED 点亮状态持续 1 秒
    digitalWrite(led,HIGH);       //led 引脚输出高电平，熄火 LED。
    delay(1000);                  //LED 熄灭状态持续 1 秒
}
```

程序总是自上而下执行，首先执行定义部分，然后执行初始化部分，最后执行循环函数部分。

定义部分主要是对代码中的引脚进行命名，即给引脚一个合适的名称。名称应使用英文字母，并且遵循"望文知意"的原则。这里用英文单词"led"代替 2 号引脚。

初始化部分对使用到的引脚进行模式设定。本实验通过 2 号引脚输出信号至 LED，因此定义 2 号引脚为输出模式。setup() 函数只执行一次。

主函数 loop() 里的语句在程序运行时进行无限次循环执行。其中 digitalWrite() 函数写入的是引脚电平信号，LOW 代表低电平，HIGH 代表高电平。

在 loop() 函数中，首先利用 digitalWrite(led,LOW) 函数给 led 引脚低电平（2 号引脚与 LED 的负极相连）。此时 LED 的正极接 5V 引脚为高电平，LED 两端产生压降，LED 被点亮。

延时函数 delay() 的作用是使上一步的状态持续一定的时间。delay() 函数延时的时间单位是毫秒，delay(1000) 表示延时 1 秒，即 LED 的点亮状态持续 1 秒。利用 digitalWrite(led,HIGH) 为 led 引脚写入高电平，当 led 引脚为高电平时，LED 两端没有压降，LED 熄灭。delay(1000) 表示 LED 熄灭的状态持续 1 秒。这样 LED 就会以点亮 1 秒，熄灭 1 秒的状态不断循环，呈现闪烁的效果。

（3）测试

根据以下步骤进行测试。

① 将实验代码写入 IDE 中，用 USB 数据线将 UNO 主板和电脑 USB 接口相连，并对代码进行编译。当编程窗口的下部显示"Done compiling"时，表示代码编译成功，意味着程序中没有语法错误。但这不表明程序一定能够正确运行。

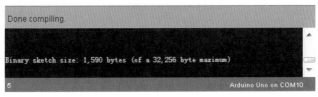

图 13　编译成功

②代码编译成功后，将代码上传至 UNO 主板。当编程窗口的下部显示 Done uploading 时，表示上传成功。

图 14　上传成功

Tips

　　编译器能够判断程序的精确性，但不能判断准确性。准确性通常要由人来判断。

③观察实验的现象，能否达到预设效果。

请扫描以下二维码，查看实验效果。

实验结果

4. 小结

　　本实验展示了用程序控制 Arduino 引脚电压的方法。看似简单，但请设想，若没有 Arduino 这种可编程芯片会怎样？那就不仅要用到电感、电容等模拟电子器件，还要用到示波器和万用表的高级功能才能设计出专门的电路实现灯的闪烁。有了 Arduino，只要编程就可以实现各种功能，不必依赖模拟电路的知识和昂贵而复杂的工具。

本节代码

*第三节　按键 LED 组合灯光

1. 实验目的

在 Blink 实验中学习了利用代码控制物理电路实现 LED 的闪烁。本节实验将通过按键控制电路中的 LED，让三盏 LED 以二进制数的模式点亮。三盏 LED 的点亮和熄灭将呈现 8 种组合（如下表所示），每按一次按键，就切换一种灯光组合。实验将通过 Arduino 的引脚读取按键开关的状态，进而改变 3 盏 LED 的灯光组合。以数字"1"代表 LED 点亮状态，数字"0"代表熄灭状态。三盏灯的二进制排列方式如下。

表 1　三盏灯的亮灭情况

二进制编码	小灯的状态
0 0 0	灭 灭 灭
0 0 1	灭 灭 亮
0 1 0	灭 亮 灭
0 1 1	灭 亮 亮
1 0 0	亮 灭 灭
1 0 1	亮 灭 亮
1 1 0	亮 亮 灭
1 1 1	亮 亮 亮

2. 认识器件

实验器件：按键开关（一个）、面包板（一块）、UNO 主板（一块）、USB 数据线（一条）、LED 和电阻（各三个）、跳线（若干）。

（1）面包板

面包板中间部分使用注意事项在上一节中已经介绍了，本节将介绍面包板上、下两窄条的使用。面包板的上、下两窄条主要用于连接供电部分，解决 GND 和 5V 引脚数量不够的问题。由于本实验有一个按键和三盏 LED，而 UNO 主板只有三个 GND 引脚，因此，需要用到面包板的窄条部分。

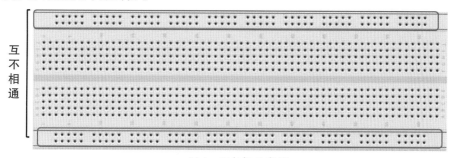

图 1　面包板示意图

使用时，通常一条排孔接 UNO 主板的 5V 引脚，一条接 GND 引脚。

同在一排的插孔相通，上下两排的插孔互不相通

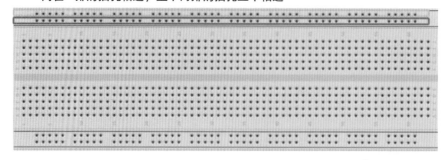

图 2　同排相通

注意：有些面包板上下窄条中，同在一排的插孔中间是不相通的，如图 3 所示。

中间是不通电的

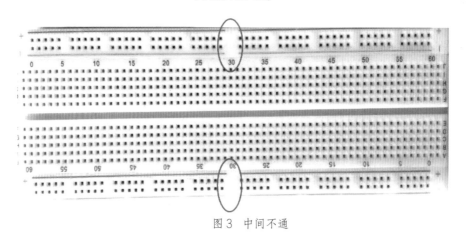

图 3　中间不通

（2）按键

按键如图 4、5 所示，每个按键都有四个引脚。按键其实是一种微动开关，主要用于控制电路的接通与断开，按键按下电路接通，按键弹起电路断开。按键的 1 和 4 两个引脚相通，2 和 3 两个引脚相通。按键按下时，四个引脚相互导通。实际拿到的按键开关不会标识引脚编号，所以从对角的两个点引线即可。

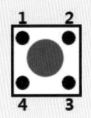

图4　按键　　　　　　　　　　　　　图5　按键引脚示意图

3. 实验内容

实验1：一个按键控制一盏 LED

本实验的目的是用if()语句不断地检测按键的状态。按键按下，LED亮，再按一下熄灭。

（1）电路连接

如图6所示，使用对角线的方式将按键接入电路中，按键的一端接 GND 引脚，另一端接5号引脚。LED 的正极接2号引脚，负极接 GND 引脚。5号引脚用于读取按键状态，2号引脚用于控制 LED 亮灭。扫描二维码，查看电路的接线过程。

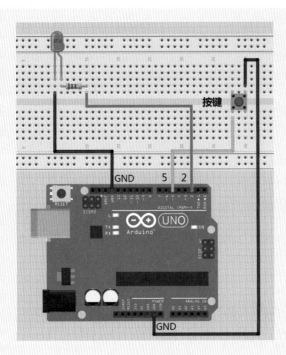

图6　电路接线图

电路连接过程

（2）代码编写

```
// 定义部分
#define LED 2                  // 定义实验中的引脚, 将 LED 用 2 替换
#define KEY 5                  // 定义实验中的引脚, 将 KEY 用 5 替换
int KEY_NUM = 0;               // 定义 int 型变量记录按键按下的状态
// 初始化部分
void setup()
{
 pinMode(LED,OUTPUT);          // 设定引脚为输出模式
 pinMode(KEY,INPUT_PULLUP);  // 设定 KEY 引脚为输入引脚, 并启动上拉电阻
 digitalWrite(LED,LOW);        // 设定 LED 引脚的电平为低
}
// 主函数部分
void loop()
{
 KEY_NUM = 0;
 if(digitalRead(KEY) == LOW)    // 判断按键是否被按下
 {
  delay(20);                    // 延迟 0.02s 去抖动, 可参考图 8 的讲解
  if(digitalRead(KEY) == LOW)   // 判断按键是否处于按下的状态
  {
   KEY_NUM = 1;                 // 按键处于按下的状态
                                // 为 KEY_NUM=1, 记录按键的状态
   while(digitalRead(KEY) == LOW);  // 执行空循环, 按键弹起时跳出循环
  }
 }
 if(KEY_NUM == 1)
 {
  digitalWrite(LED,!digitalRead(LED));  // 为 LED 灯的状态置反
 }
}
```

由于按键接通时，电阻为 0，5 号引脚处于低电平状态。Loop 中的程序每执行一次就检测一下按键是否被按下。按键接通的初期（大约 20 毫秒）存在忽通忽断的情况，所以用 delay（20）让程序等待 20 毫秒再继续执行。只有当 5 号引脚为低电平时，给变量 KEY–NUM 赋值 1。最后一条 if 语句则根据 KEY–NUM 变量的值设置 2 号引脚的电平状态。

图 7　上拉电阻示意图

Arduino 的每个数字引脚都内置了一个上拉电阻，目的是保护开发板和简化电路。若没有这一电阻，5 号引脚的高电平不经过任何负载会造成电流过大而烧坏开发板。在没有连接上拉电阻的情况下，可以在电路中串联一个电阻来保护电路。

背景知识

```
    if( 条件 )
    {
    语句；
    }
```

if() 语句是分支语句。程序执行时，满足 if() 语句小括号内的条件，将执行大括号中的语句，反之，则不执行。若 if() 语句的大括号内只有一句语句，那么大括号可以省略不写，但不建议省略大括号。

if() 语句可以嵌套使用，例如：

```
if()
{
    if()
    {
    语句；
    }
}
```

嵌套的 if() 语句自上而下依次执行！

代码中使用的是 if() 语句的嵌套形式。执行第一个 if(digitalRead(KEY) == LOW);
语句时，先利用 digitalRead() 函数读取 KEY 引脚的状态，如果 KEY 引脚的状态满足
digitalRead(KEY) == LOW 的条件，即按键按下，则执行 delay(20)。由于按下按键是一个
机械动作，会产生抖动，因此按键按下时电平不能瞬间从高电平转化为低电平，而是要
经过锯齿型变化直至变成低电平。这个过程大概会持续 0.02s，因此设定延迟 0.02s 去除
因为机械操作而产生的电平不稳定的现象。

当按键被按下时，由于人手的抖动原因，KEY 引脚会出现电平不稳定的情况，这个情况会持续 0.02s。

图 8　松手检测示意图

延迟 0.02s 后，执行第二个 if(digitalRead(KEY) == LOW); 语句，再次判断按键是否处
于按下的状态。如果满足条件，执行 KEY_NUM = 1 语句，记录按键的状态。之后执行
while(digitalRead(KEY) == LOW); 循环语句。

背景知识

```
while( 条件 )
    {
语句;
    }
```

While() 是循环语句。它表示只要满足 while() 语句中小括号的条件，就不断
执行大括号内的语句，直至不再满足 while() 语句中的条件。若大括号中的语句
只有一句，大括号可以省略不写；若大括号中没有语句，也就是说满足 while()
语句的条件，什么都不执行，此时省略大括号，但保留"；"分号，这时它代
表执行一个空语句。

本代码中，while(digitalRead(KEY) == LOW); 语句表示当引脚 KEY 的状态为 LOW 时，循环不断地检测 KEY 引脚的状态。当 KEY 引脚的状态为 HIGH，不再满足 "while(digitalRead(KEY) == LOW);" 语句，即按键弹起时，则跳出循环，不再执行循环部分的内容。这部分又称为"松手检测"，即检测按下按键的手是否松开，按键是否弹起。循环结束后，代码按照自上而下的执行原则，执行剩余的代码。

if(KEY_NUM == 1); 语句判断按键是否被按下过。如果按键被按下过执行 digitalWrite(LED,!digitalRead(LED)); 语句，为 LED 引脚写入电平信号。此处不同的是 digitalWrite() 的第二个参数不再是 HIGH 或 LOW，而是一个表达式。"！"简称"非"，表示对表达式进行取反操作。例如，此时 digitalRead() 读取的 LED 状态为 HIGH，点亮状态，加上"！"，那么 LED 的状态为 LOW，熄灭状态。

在 digitalWrite(LED,!digitalRead(LED)); 语句中，先利用 digitalRead() 函数读取 LED 引脚的电平值，再利用"！"对得到的状态取反，写入 LED 引脚。如果按下按键之前 LED 引脚是高电平 (LED 点亮)，那么，digitalWrite(LED,!digitalRead(LED)); 语句是将高电平的反状态 (低电平) 写入 LED 引脚，使 LED 熄灭。如果按下按键之前 LED 是低电平状态 (LED 熄灭)，那么，digitalWrite(LED,!digitalRead(LED)); 语句是将低电平的反状态 (高电平) 写入 LED 引脚，使 LED 点亮。

（3）测试

将代码输入到 Arduino 的编程环境中，进行调试编译。调试编译成功后将代码上传至 UNO 主板 (具体的操作方式参考第二节 Blink 实验的测试部分)。按下按键后松手，LED 点亮；再次按下按键后松手，LED 熄灭。扫描二维码查看实验效果。

实验效果

（4）简化代码

利用前面的代码虽然可以达到实验的效果，但整个 loop() 主函数中代码过多，显得非常复杂，不利于对代码的理解。下面是利用自定义函数简化后的 loop() 主程序。

```
// 定义部分
#define LED 2
#define KEY 5                    // 定义实验用到的引脚
// 初始化部分
int KEY_NUM = 0;                 // 定义 int 型变量用于判断按键的状态
void setup()
{
 pinMode(LED,OUTPUT);           // 定义用到的引脚模式
 pinMode(KEY,INPUT_PULLUP);
 digitalWrite(LED,LOW);          // 定义用到的引脚状态
}
// 主函数部分
void loop()
{
 ScanKey();                      // 调用函数 SanKey() 扫描按键状态
 if(KEY_NUM == 1)
 {
  digitalWrite(LED,!digitalRead(LED));  // 为 LED 灯的状态置反
 }
}
// 自定义函数 ScanKey()
void ScanKey()
{
 KEY_NUM = 0;
 if(digitalRead(KEY) == LOW)             // 判断按键是否被按下
```

```
    {
     delay(20);                      // 延迟 0.02s 去抖动
     if(digitalRead(KEY) == LOW)     // 判断按键是否处于按下的状态
     {
      KEY_NUM = 1;                    // 按键处于按下的状态
                                      // 为 KEY_NUM=1, 记录按键的状态。
      while(digitalRead(KEY) == LOW);  // 执行空循环，当按键弹起时跳出循环
     }
    }
}
```

本代码与上一个代码的不同之处在于，它将检测引脚 KEY 的代码放入自定义函数 ScanKey() 中。

背景知识

　　自定义函数是为了让代码可重复使用而采用的一种编程方法。一般把数值不同但过程完全相同的代码封装为一个函数。自定义函数的名称根据功能自行确定，大都有"望名知意"的作用。例如，自定义函数 ScanKey()，函数名的意思为"扫描键"，它的作用就是不断检测 KEY 引脚的状态。自定义函数可以放在 loop 前面或后面的任何位置，但一般习惯性将其放在主函数 loop() 后，这样代码整体上会显得整洁许多，有利于后期的调试与修改。在调用时直接将函数名连同小括号一起放入主函数的恰当位置，在其后加上符号"；"，构成一个语句。

　　本代码中，将检测按键引脚的代码放入 ScanKey() 函数之中。因为在主函数执行时，首先需要对 KEY 引脚的状态进行检测，所以，ScanKey(); 语句放在主函数的第一句，首先被执行。

　　对简化后的代码进行调试编译，调试编译成功后将代码上传至 UNO 主板。按下按键 LED 亮，再次按下按键 LED 熄灭。扫描二维码，查看实验效果。

实验效果

图 9　实验效果

实验 2：一个按键控制 3 盏 LED

在测试成功一个按键控制一盏 LED 的基础之上增加两盏 LED，并通过 Switch 函数检测按键是第几次被按下并弹起来切换 3 盏 LED 组合的状态。

（1）电路连接

如图 10 所示，将 3 盏 LED 的正极与 UNO 主板的 2、3、4 数字引脚相连。电路利用这些引脚将 UNO 主板的信号传递至 LED，控制 3 盏 LED 的亮灭。3 盏 LED 的负极统一

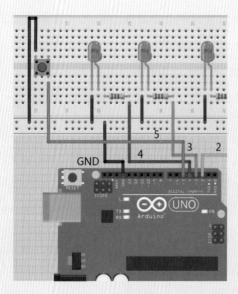

电路连接过程

图 10　电路接线图

接入面包板的下窄条部分，再用一根跳线将它们与 UNO 主板的 GND 相连。将按键采用对角线的方式接入电路中，按键的一端接 5 号引脚，一端接面包板的下窄条部分，与 3 盏 LED 的负极引脚接在同一行。电路工作时，每次按下按键，LED 都以二进制的一种方式点亮，8 次为一个循环周期。扫描二维码，查看电路连接过程。

（2）代码缩写

```
// 定义部分
#define LED1 2
#define LED2 3
#define LED3 4
#define KEY  5          // 定义实验中用到的引脚
int KEY_NUM = 0;        // 定义一个变量用于存储按键按下的次数
// 初始化部分
void setup()
{
 pinMode(LED3,OUTPUT);
 pinMode(LED2,OUTPUT);
 pinMode(LED1,OUTPUT);
 pinMode(KEY,INPUT_PULLUP);     // 定义实验中用到的引脚模式
 digitalWrite(LED3,LOW);
 digitalWrite(LED2,LOW);
 digitalWrite(LED1,LOW);        // 初始化 3 盏 LED 的状态，为熄灭状态
}
// 主函数部分
void loop()
{
// 调用函数 SanKey() 扫描按键状态，当 KEY_NUM 是不同数字的时候，利用
//switch() 函数切换到不同数字对应的不同的 case.
```

```
    switch(KEY_NUM)
    {
    case 1:
      digitalWrite(LED1,HIGH);
      digitalWrite(LED2,LOW);
      digitalWrite(LED3,LOW);
     break;
    case 2:
      digitalWrite(LED1,LOW);
      digitalWrite(LED2,HIGH);
      digitalWrite(LED3,LOW);
     break;
    ……/*（此处根据二进制的方式给三个引脚不同的状态    001,010,011,
100,101,110,111，000，"1"给对应的引脚高电平，"0"给对应的引脚低电平)
    */
    case 8:
      digitalWrite(LED1,LOW);
      digitalWrite(LED2,LOW);
      digitalWrite(LED3,LOW);
    break;
        default:
        break;
     }
    }
    // 自定义函数部分
    void ScanKey()
    {
    int Scankey (int pin)
```

```
    if(digitalRead(KEY) == LOW)              // 判断按键是否按下
    {
     delay(20);                              // 延迟 20ms 去抖动
     if(digitalRead(KEY) == LOW)             // 判断按键是否按下
     {
      KEY_NUM = KEY_NUM + 1;                 // 当按键按下，让 KEY_NUM 的值增加
// 1
       if (KEY_NUM >8)      // 判断按键按下几次，如果按键的值大于等于 9，那
// 么让 KEY_NUM 置 1
      {KEY_NUM =1;}
      while(digitalRead(KEY) == LOW);        // 判断按键是否弹起

     }
    }
```

程序首先定义了 LED 的名称和一个 int 型的 KEY_NUM 变量用于存储按键按下的次数。然后对实验中用到的引脚模式和 3 盏 LED 的状态进行初始化。

主函数 loop() 里首先执行 ScanKey() 函数去检查按键的状态。在 ScanKey() 中，若按键处于按下的状态，执行 KEY_NUM = KEY_NUM + 1; 语句。该语句的意思是将 KEY_NUM 变量中的值取出，加 1 之后再存入变量 KEY_NUM 中，此时变量 KEY_NUM 的值便比原来的多 1。

代码中，每当 KEY_NUM 的值增加 1(按键每按下一次，KEY_NUM 的值就会增加 1)，都将判断 KEY_NUM 的值是否大于 8（按键被按下的次数是否大于 8 次）。如果 KEY_NUM 的值不大于 8，则不执行 KEY_NUM=1; 语句。利用 while(digitalRead(KEY) == LOW); 判断按键是否弹起，如果弹起，那么此次按键按下弹起的过程完成，代码返回 loop() 函数去执行 switch() 语句。

```
        swich(NUM)
        {
          case num 1:
          语句 1;
          Break;
          case num2:
          语句 2;
          break;
          ……
          case num  N:
          语句 n;
          Break;
          Default:
          语句 n+1;
        }
```

Switch() 分支语句在执行时，会根据 NUM 值决定执行哪一个 case 的分支语句。执行 case 语句时，遇到 break; 则 case 语句执行完毕，跳出 switch() 语句的执行。如果 NUM 不满足任何一个 case 的 num 值，则执行 default 中的语句。在执行 switch() 分支语句时，每个 case 原则上都对应一个 break; 语句，代码书写过程中不能省略，否则代码执行时会按照"自上而下"的原则，依次执行，碰到 break; 语句后便跳出 switch() 语句。

以本代码为例了解 switch() 语句的执行。假设按键是第一次被按下，那么 KEY_NUM 的值经过运算变为 1，执行 if() 语句判断 KEY_NUM 的值是否大于 8。因为 KEY_NUM 的值为 1，小于 8，因此不执行 KEY_NUM=1; 语句。执行 while(digitalRead(KEY) == LOW) 判断按键已经弹起后，执行 case 1 分支语句，遇到第一个 break; 语句，便跳出 switch() 分支语句，结束代码的执行。

执行完毕后，LED1 处于点亮状态，LED2 和 LED3 处于熄灭状态。

　　再次按下按键时，经过计算 KEY_NUM 的值为 2，执行 case 2 分支语句，遇到第一个 break; 语句跳出 switch() 分支语句，结束代码的执行。执行完毕后，LED1 和 LED3 处于熄灭状态，LED2 为点亮状态。这样按键依次按下，代码分别执行不同的 case 语句。

　　如果 KEY_NUM 的值大于 8，假设为 9 时，说明按键已经被按下了 9 次。从逻辑上说，此时代码已经执行完毕一个二进制循环，这时的状态应该相当于第一次按下按键，因此，我们给 KEY_NUM 赋值 1，代码从 case1 语句开始执行，遇到一个 break; 语句后结束执行。

（3）测试

　　将代码输入到 Arduino 的编程环境中，进行调试编译。调试编译成功后将代码上传至 UNO 主板（具体的操作方式参考 Blink 实验的测试部分）。每按下一次按键，3 个 LED 就会切换一种灯光组合。扫描二维码，查看实验效果。

扫一扫

实验效果

图 11　实验效果图

4. 小结

　　按键实验通过按键按下的次数控制代码执行 switch() 分支语句中的某个 case 语句，进而控制三盏 LED 的亮灭状态。实验代码的关键在于利用变量记录按键是第几次被按下，利用 switch() 去判断变量的值符合哪个 case 语句，从而执行该分支语句。这样就可以实现三盏 LED 的 8 种组合显示效果。

本节代码

第四节　串口接收数据

1. 实验目的

本节实验将通过串口的方式实现数据的双向传输。这是指利用 Arduino 串口窗，从电脑端发送一个数字给 UNO 主板，数字在 UNO 主板上加 1 后返回电脑，显示在监视窗口，完成数据的传输。后续的项目中，经常需要通过串口数据传输观察 UNO 主板上程序运行的状态。

2. 认识器件

实验器件：UNO 主板（一个）、USB 数据线（一条）。

3. 实验内容

在实验中，将输入到串口监视器中的数字在 UNO 主板加 1 后，再发送回串口监视器，实现电脑与 UNO 主板之间数据的双向传输。

（1）电路连接

如图 1 所示，本实验只需一块 UNO 主板即可。扫描二维码，查看电路连接过程。

扫一扫

电路连接过程

图 1　UNO 主板与电脑相连

（2）代码编写

```
// 定义部分
char var = 0;                 // 定义用于存储数据的变量
// 初始化部分
void setup()
{
  Serial.begin(9600);        // 串口初始化，设置串口的波特率为 9600
}
// 主函数部分
void loop()
{
  if (Serial.available() > 0)   // 检测是否有数据进入到 UNO 主板
  {
    var = Serial.read();        // 读取进入到 UNO 主板的数据
    var=var+1;                  // 将读取的输入加 1
    Serial.println(var);        // 采用串口输出的方式将数据输出到电脑端
  }
}
```

　　定义部分定义了实验需要的 char 型变量 var。其中 char 是变量的类型，简称字符型，它可以存储单字符，且只能存储一个字节，也就是 8 个二进制位。

　　初始化部分设置串口的通信速率，也称波特率。主函数部分首先利用 Serial. available() 函数判断是否有数据传输到 UNO 主板中。若有数据传输，Serial.available() 的返回值大于 0；若没有，Serial.available() 的返回值小于等于 0。Serial.available() 的返回值大于 0，则利用 Serial.read() 函数读取数据，Serial.read() 函数每次只能读取一个字符数据。将读取的数据加 1 后，再利用 Serial.write() 函数传至电脑端输出。

背景知识

波特率决定串口通信两端的数据传输速度。波特率越高，传输速度越快。一般字符串数据的速率为 9600 就足够了。注意两端设备必须用相同波特率。

（3）测试

将代码输入 Arduino 的编程环境中进行编译，编译成功后将代码上传至 UNO 主板。点击图标，打开监视窗口。下拉框选择 9600 波特率。在输入框输入数字"4"，按下"Enter"键或点击"send"按钮，将看到串口窗返回"5"，观察监视窗口中返回的数据。扫描二维码，查看实验效果。

实验效果

4. 小结

串口数据接收是指在电脑端发送一个数据，经过 UNO 主板的处理再返回给电脑，这样可以清晰地知道在程序运行过程中数据是否发生变化。因此，串口输出数据的方式用于检测数据是否发生变化，是调试程序运行情况的一种非常有用的方法。

本节代码

第五节　PWM 调光

1. 实验目的

前两个案例，展示了如何利用程序控制 LED 的闪烁和利用按键控制 LED 的亮灭。那么 LED 灯光强弱的变化该如何实现呢？这就需要使用 PWM 信号。本实验将尝试使用电位器和 PWM 信号控制 LED 灯光的强弱。

2. 认识器件

实验器件：电位器、LED、电阻、面包板、UNO 主板（各一个）、USB 数据线（一条）、跳线（若干）。

图 1　电位器

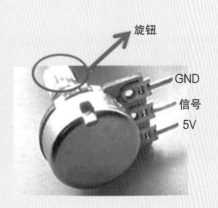

图 2　电位器引脚图

电位器是阻值可以变化的电阻元件。它有三个引脚，两端的分别是 5V 引脚和 GND 引脚，中间的是信号引脚。使用时，旋转电位器上的旋钮，电位器的电阻值发生变化，中间引脚的输出电压也会发生变化。

3. 实验内容

本实验通过改变电位器阻值，进而改变输出的 PWM 信号去控制 LED 灯光的强弱变化。在使用电位器控制 LED 灯光强弱之前，要先对 LED 和电位器进行测试，确保 LED 和电位器能够正常使用。

实验 1：测试 LED

LED 的测试请参考本章第二节 Blink 实验完成。

实验2：测试电位器

旋转电位器的旋钮，电位器的输出电压就会发生变化，电位器的输出值将在串口监视窗口显示。

（1）电路连接

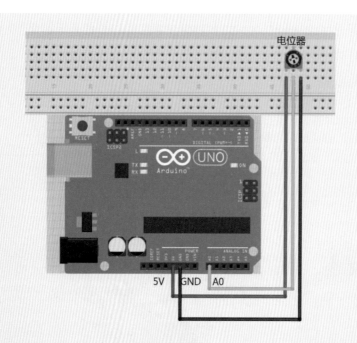

电路连接过程

图3　电路接线图

电位器左端的 5V 引脚接 UNO 主板 5V 引脚；右端的 GND 引脚接 UNO 主板的 GND 引脚；中间的信号引脚负责将电位器的电压变化传入 UNO 主板。由于电位器传入 UNO 主板的是模拟信号，因此接 UNO 主板的 A0 引脚，如图3。扫描二维码，查看电路的接线过程。

图4　模拟引脚示意图

如图4所示，UNO 主板上有 A0—A5 5个模拟引脚，它们负责模拟信号的输入。模拟引脚数值的范围是 0~1023。

（2）代码编写

```
// 定义部分
#dcfinc Pot A0          // 电位器引脚命名
int PotBuffer = 0;       // 定义 int 型变量 PotBuffer 用于存储读取的 A0 引脚值
// 初始化部分
void setup()
{
 Serial.begin(9600);      // Serial.begin() 对串口进行激活，用于串口输出，并初
// 始化串口波特率为 9600
}
// 主函数部分
void loop()
{
 PotBuffer = analogRead(Pot); //analogRead() 用于读取 A0 引脚的模拟信号值
 Serial.print("Pot = ");     // 串口输出"Pot = "，并显示在显示窗口中
 Serial.println(PotBuffer);// 串口输出 PotBuffer 的值，Serial.print() 将数据显示在
// 显示窗口中，并换行
 delay(500);              // 延时 500ms
}
```

定义部分将模拟引脚命名为 Pot，并定义为 int 型变量，用于存储从 A0 引脚读取的模拟信号值。

初始化部分利用 Serial.begin() 函数对串口进行初始化，使串口通讯处于可用的状态，能够往监视窗口输出模拟信号值。此处设置的串口通讯的波特率为默认值 9600。波特率是控制 PC 与 Arduino 之间数据传输速率的指标。代码中设置的波特率值要与 PC 端串口监视器设置的波特率值相一致。PC 端串口监视器设置波特率的步骤如下。

第一步：打开串口监视器

图 5　串口监视器按钮

第二步：在监视窗口的下方设置波特

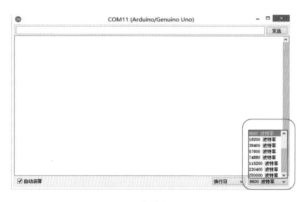

图 6　波特率设置

主函数部分首先利用 analogRead() 函数读取传入 A0 引脚的模拟信号值，并存入 PotBuffer 中。然后通过串口输出函数 Serial.print("Pot=")；在监视窗口输出 "Pot="。利用 Serial.println(PotBuffer)；在监视窗口输出 PotBuffer 的值，并换行。其中 Serial.print() 和 Serial. println() 均为串口输出函数，其区别在于 Serial.println() 函数在输出数据之后会自动换行。

（3）测试

将上述代码输入到 IDE 中，用 USB 数据线将 UNO 主板和电脑相连。对代码进行测试编译。测试编译成功之后将代码上传至 UNO 主板。点击  按钮（此按钮在图 5 红框标记处），打开监视窗口。旋转电位器旋钮，可以看到监视窗口中输出数值的变化。扫描二维码，查看实验效果。

实验效果

图 7　实验效果

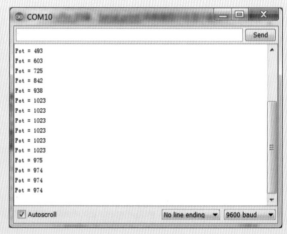

图 8　变化的电阻值

实验 3：电位器调节 LED 灯光

首先需要将电位器的输出值范围与 PWM 的信号范围进行映射，这样便可以通过改变电位器的输出值来控制 PWM 信号值的变化，从而调节 LED 灯光的强弱。

（1）电路连接

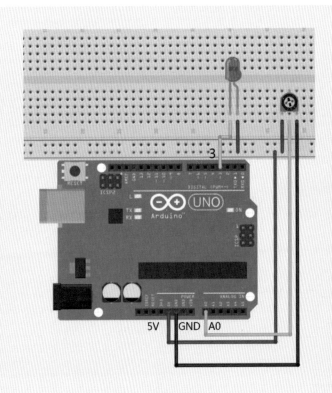

电路连接过程

图 9　电路接线图

实验的电路接线图如图 9 所示，LED 的正极与电阻串联后通过面包板连接 UNO 主板的 5V 引脚，负极连接 UNO 主板的 3 号引脚。要通过 PWM 信号控制 LED 灯光的强弱，则 LED 的负极必须接在 UNO 主板的 PWM 引脚。扫描二维码，查看电路连接的过程。

在 UNO 主板上有 6 个 PWM 引脚，如图 10 所示的 3、5、6、9、10、11 六个引脚，引脚号前有"~"的标志。

图 10 PWM 引脚

🔍 **背景知识**

PWM 是 Pulse Width Modulation（脉冲宽度调制）的缩写。PWM 信号是一种方波信号，它实质上仍是数字的，因为在给定的任何时刻，满幅值的直流供电只有完全有(ON)或完全无(OFF)两种状态。但通过改变高电平在一个周期内的比例（占空比），可以表示 0~255 范围内的数值变化。

图 11 方波信号

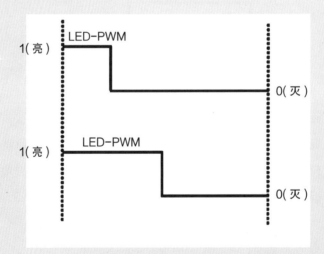

图 12 PWM 高电平宽度越大,占空比越大,灯越亮

（2）代码编写

```
// 定义部分
#define Pot A0
#define LED 3
int PotBuffer = 0;          // 定义 int 型变量 PotBuffer 存储读取的模拟信号的值
// 初始化部分
void setup()
{
  pinMode(LED,OUTPUT);      // 初始化 LED 引脚为输出模式
}
// 主函数部分
void loop()
{
  PotBuffer = analogRead(Pot);     // 读取 A0 引脚的数据
// 把模拟信号范围值 0~1023 缩放为 数字信号范围值 0~255，并将 PotBuffer 在
// 缩放范围内进行映射。
  PotBuffer = map(PotBuffer, 0, 1023, 0, 255);
  analogWrite(LED,PotBuffer);      //PWM 调光，输出 PWM
}
```

定义部分定义了实验用到的引脚和变量。其中 Pot 为模拟引脚，LED 为 PWM 引脚。初始化部分对用到的 LED 进行初始化。

在主函数中，首先利用 analogRead() 函数读取电位器的模拟值，并将值存入 PotBuffer 中。通过 map(PotBuffer,0,1023,0,255); 语句，将模拟信号的上下限映射到数字信号的上下限，将 PotBuffer 的值在数字信号的最大值 255 上进行缩放。

图 13 值域映射示意图

模拟信号最小值 0 对应数字信号的最小值 0，模拟信号的最大值 1023 对应数字信号的最大值 255。Map() 函数表示的功能可简化为下式：

$$\frac{1023}{255} = \frac{\text{PotBuffer}}{X}$$

X 表示的是 map 函数将 PotBuffer 的值映射为数字信号后的值。

代码将映射后的值存入 PotBuffer 中。最后，将 PotBuffer 的值写入到 3 号引脚。旋转电位器 PotBuffer 的值发生改变，使得写入 3 号引脚的值发生变化，LED 灯光的强弱也随之发生变化。PotBuffer 的值越大，灯光越强；PotBuffer 的值越小，灯光越弱。

（3）测试

将上述代码输入到 Arduino 的编程环境中进行编译。代码编译成功后，将代码上传至 UNO 主板内。旋转电位器的旋钮，可以看到随着电位器的旋转，LED 的灯光强弱也在变化。扫描二维码，查看实验效果。

图 14　实验效果

实验效果

4. 小结

PWM 调光实验，主要是通过调节电位器来实现对 LED 灯光强弱的控制。其实质是通过改变模拟信号输入实现控制 PWM 信号的输出。在实际应用中，均是通过 PWM 信号的变化进而达到控制电机转速、舵机转动角度等目的。

本节代码

*第六节　四位数码管

1. 实验目的

尽管用串口窗可以显示从 Arduino 串口发送到计算机的数据，但多数情况下 Arduino 要脱离台式计算机独立运行，例如数字体重计、温度计等。数码管则是一种常用的显示数字的器件。本节实验将认识一位数码管和四位数码管，并尝试利用它们显示数字。

2. 认识器件

实验器件：一位数码管、四位数码管、面包板、UNO 主板（各一个）、USB 数据线（一条）、电阻（若干）、跳线（若干）。

（1）一位数码管

数码管是一种半导体发光器件，基本单位是发光二极管。一位数码管是指只能显示一位数字的数码管。它的内部结构如图 1 所示。

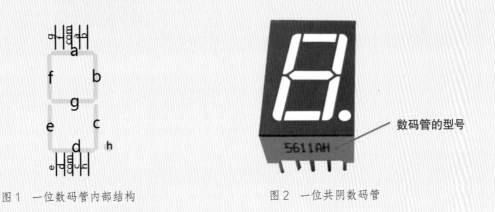

图 1　一位数码管内部结构　　　　　　图 2　一位共阴数码管

一位数码管共有 10 个引脚，其中两个是 com 口。一位数码管可分为共阳数码管和共阴数码管两种。使用时，共阳数码管的 com 口接 5V 引脚，共阴数码管的 com 口接 GND 引脚。常用的一位共阴数码管的型号有 5161AH 和 5611AH。

以一位共阴数码管为例，其 com 口连接 UNO 主板的 GND 引脚，剩余的引脚连接 UNO 主板的数字引脚。由于 com 口接 GND，处于低电平，当 a 引脚接入高电平将会点亮 数码管的 a 段，同理能够点亮数码管的其他段。

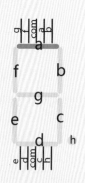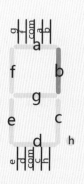

图 3 给 a 引脚高电平时数码管的状态　　图 4 给 b 引脚高电平时数码管的状态

若需要显示数字"1"，则要点亮数码管中的 b 段和 c 段，这就需要给 b 和 c 引脚高电平；同理，若显示数字"0"，则要点亮数码管中的 a、b、c、d、e、f 段，即给 a、b、c、d、e、f 引脚高电平。

扫描二维码查看介绍一位数码管的视频。

一位数码管的介绍

（2）四位数码管

四位数码管是能显示四位数字的数码管。四位数码管也有共阳数码管和共阴数码管之分，使用方法与一位数码管相似。常见的共阳数码管型号为 HS410561K-32，共阴数码管型号为 HS420561K-32。

图 5 四位数码管

以四位共阴数码管为例，它利用四个 com 端口和 a~h 端口控制数字的显示。这时 com1、com2、com3、com4 连接的不是 UNO 主板的 GND 引脚，而是 UNO 主板的数字引脚。

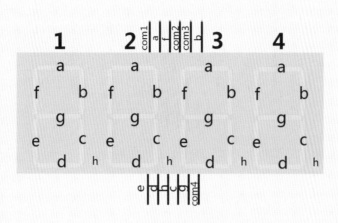

图 6　四位数码管内部结构图

四位数码管是如何控制数字显示的呢？下面以显示"1234"为例，解释四位数码管的工作原理。

四位数码管在显示数字时每次只能显示一位数字。要显示"1234"，数码管先在 1 号位置显示"1"，接着在 2 号位置显示"2"，如此类推。由于人眼具有视觉暂留效应，尽管"1234"中的各个位数先后单独显示，但由于间隔时间短，后一位数显示时，前一位数余晖仍停留在人眼中，我们看到四位数码管上显示的数字就是"1234"。

四位数码管上标有 a 的数码管有 4 段，但只有 1 个 a 引脚。那么四位数码管的引脚是如何控制数码管中每段的显示呢？以 1 号位置显示数字"1"为例。首先接通 com1 端口，给其低电平，再给 com2、com3 和 com4 端口高电平。b、c 引脚给高电平，这样使得 1 号位置的 com1 端口和 b、c 引脚之间形成电压差，bc 段被点亮，显示数字"1"。此时，2、3、4 号位置的 com2、com3 和 com4 端口是高电平，b、c 段也都是高电平，这样 com 端口和 b、c 引脚之间没有电压差，2、3、4 号位置的 bc 段不会被点亮，并不显示数字。显示效果如图所示。

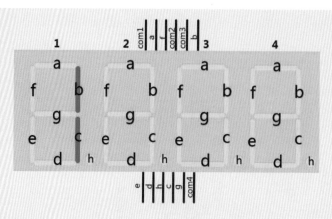

图 7　显示"1"时的四位数码管状态

　　1 号位置显示"1"之后，同理，2 号位置显示数字"2"，3 号位置显示数字"3"，4 号位置显示数字"4"。然后利用循环语句，让数码管不断重复显示数据，因为人眼的"视觉暂留效应"，就会看到四位数码管显示数字"1234"。

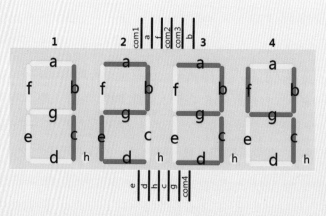

图 8　显示"1234"时四位数码管的状态

　　扫描二维码，查看四位数码管介绍的视频。

四位数码管的介绍

3. 实验内容

先使用一位数码管显示数字，在了解如何控制一位数码管显示数字的基础上，尝试使用四位数码管显示数字。

实验1：一位数码管显示数字

一位数码管由8个发光二极管组成，本实验将要显示的数字对应的二极管电压值存储在二维数组中，然后利用循环的方式，分别给8个二极管不同的电压值，实现一位数码管上数字从0~9的变化。

（1）电路连接

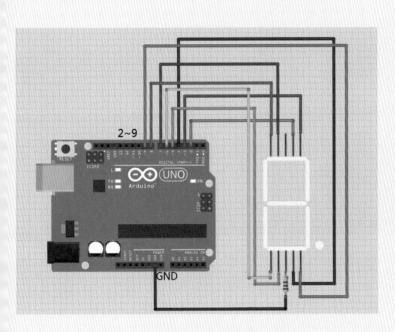

电路连接过程

图9　电路接线图

如图9所示，将一位数码管和UNO主板相连。由于实验中使用的是共阴数码管，所以数码管的com端口接UNO主板的GND引脚，并连接电阻进行分压，保护电路。数码管上的剩余引脚分别接UNO主板的2~9号引脚。工作时，给a~h引脚不同的高低电平，点亮数码管上LED，从而显示不同的数字。扫描二维码，查看电路连接过程。

（2）代码编写

```
// 定义部分
#define SEG_a 2
#define SEG_b 3
#define SEG_c 4
#define SEG_d 5
#define SEG_e 6
#define SEG_f 7
#define SEG_g 8
#define SEG_h 9          // 定义 UNO 上用到的引脚
int table[10][8] =
{
    {0,  0,  1,  1,  1,  1,  1,  1}, // 显示数字 0
    {0,  0,  0,  0,  0,  1,  1,  0}, // 显示数字 1
    {0,  1,  0,  1,  1,  0,  1,  1}, // 显示数字 2
    {0,  1,  0,  0,  1,  1,  1,  1}, // 显示数字 3
    {0,  1,  1,  0,  0,  1,  1,  0}, // 显示数字 4
    {0,  1,  1,  0,  1,  1,  0,  1}, // 显示数字 5
    {0,  1,  1,  1,  1,  1,  0,  1}, // 显示数字 6
    {0,  0,  0,  0,  0,  1,  1,  1}, // 显示数字 7
    {0,  1,  1,  1,  1,  1,  1,  1}, // 显示数字 8
    {0,  1,  1,  0,  1,  1,  1,  1} // 显示数字 9
};// 可参考下文"码值表"的讲解
// 初始化部分
void setup()
{
    pinMode(SEG_a,OUTPUT);                    // 设置输出引脚
    pinMode(SEG_b,OUTPUT);
```

```
                pinMode(SEG_c,OUTPUT);

                pinMode(SEG_d,OUTPUT);

                pinMode(SEG_e,OUTPUT);

                pinMode(SEG_f,OUTPUT);

                pinMode(SEG_g,OUTPUT);

                pinMode(SEG_h,OUTPUT);

        }
// 主函数部分
void loop()

{

        int i;

        for( i = 0 ; i < 10 ; i++) // 设置循环语句，数码管上数字从 0 到 9 循环显示

        {

                digitalWrite(SEG_a,table[i][7]);    // 设置 a 引脚的电平

                digitalWrite(SEG_b,table[i][6]);

                digitalWrite(SEG_c,table[i][5]);

                digitalWrite(SEG_d,table[i][4]);

                digitalWrite(SEG_e,table[i][3]);

                digitalWrite(SEG_f,table[i][2]);

                digitalWrite(SEG_g,table[i][1]);

                digitalWrite(SEG_h,table[i][0]);

                delay(1000);                        // 延迟 1s

        }

}
```

定义部分对数码管上将使用的引脚进行定义，还定义了一个二维数组 table[10][8] 用于存储数码管每个引脚的状态，其中"1"代表高电平状态，"0"代表低电平状态。

背景知识

数组是相同数据类型的元素按照一定顺序排列的集合。当有一批数据要存放到内存中时，需要用到数组。数组可分为一维数组（数轴上的数据）、二维数组（平面上的数据）和多维数组（空间中的数据）。

一维数组的定义方式为：

类型 数组名 [常量]；

例如 :int a[5]；

它表示定义了一个 int 型的数组 a[5]，存储的 5 个数据分别是 a[0]、a[1]、a[2]、a[3]、a[4]。数组元素的下标从 0 开始计，下标表示了元素在数组中的顺序，当我们要使用数组中的某个元素时，只需知道它的下标，就可以引用这个元素。数组在电脑中是顺序排列存储的，可以用图 10 表示。

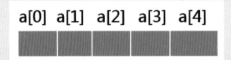

图 10　一位数组存储示意图

一个一维数组定义完成后，便可以向其中存储数据。如果向 a 数组的第二元素存储数字"6"，可以写成语句"a[1]=6；"。

另一种进行数据存储的方式是在定义数组的时候就将数据存储到数组中。

例如：int a[5]={0,1,2,3,4}；

这样将数字"0、1、2、3、4"依次存放在数组元素 a[0]~a[4] 中。这种赋值方式需要注意的是，不能跳过前面的元素为后面的元素赋值，但为数组赋值时，数组的下标可以省略，因为计算机已经根据赋值的个数为数组开辟了存储空间。

例如：int a[ ]={0,1,2,3,4}；

二维数组的定义方式为：

类型 数组名 [常量表达式 1][常量表达式 2]

二维数组是用来存储类型相同的数据的集合。

例如：int a[3][4]

这里定义了一个存储 int 数据的二维数组 a，我们称之为 3 行 4 列的数组。

可用这样的表格来表示：

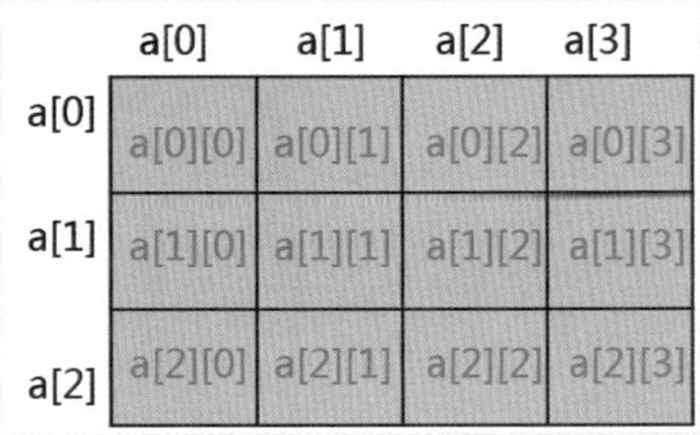

	a[0]	a[1]	a[2]	a[3]
a[0]	a[0][0]	a[0][1]	a[0][2]	a[0][3]
a[1]	a[1][0]	a[1][1]	a[1][2]	a[1][3]
a[2]	a[2][0]	a[2][1]	a[2][2]	a[2][3]

图 11　二维数组存储示意图

数组中的每一个元素都相当于一个变量，对于数组中的元素，我们在引用时只要标明数组元素的下标即可。例如，若要在二维数组 a 的第二个元素中存储数字 2(这里数组元素按照行的方式存储在计算机中)，执行语句"a[0][1]=2;"可将数字 2 存储在数组 a 的第二个元素中。

当然，与一维数组类似，二维数组也可以在定义时为其赋值。

例如：int a[3][4]={{0,1,2,3},{4,5,6,7}{8,9,10,11}};

这样就定义了一个 3 行 4 列的数组 a，它的里面存储了 0~11，共 12 个数字。定义数组时，大括号中还嵌套着 3 个大括号，第一个大括号中的数字对应二维数组的第一行，第二个大括号中的数字对应二维数组的第二行，第三个大括号中的数字对应二维数组的第三行。具体存储方式如下：

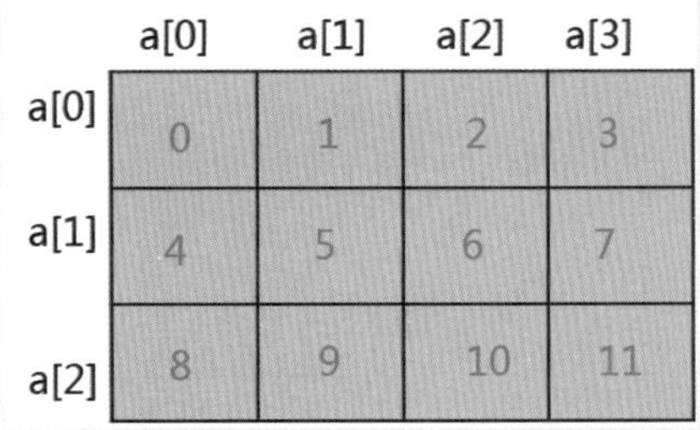

	a[0]	a[1]	a[2]	a[3]
a[0]	0	1	2	3
a[1]	4	5	6	7
a[2]	8	9	10	11

图 12　int[3][4] 的存储示意图

在代码中，定义了一个 int 型的 10 行 8 列的二维数组 table[10][8]。它的每一行都存储着一位数码管某一段的电平值，其中 1 代表高电平，0 代表低电平。

表 1　二维数组 table[10][8] 和数码管对应显示表

码值表	0	1	2	3	4	5	6	7	数码管的状态
	h	g	f	e	d	c	b	a	
0	0	0	1	1	1	1	1	1	
1	0	0	0	0	0	1	1	0	
2	0	1	0	1	1	0	1	1	
3	0	1	0	0	1	1	1	1	
4	0	1	1	0	0	1	1	0	
5	0	1	1	0	1	1	0	1	
6	0	1	1	1	1	1	0	1	
7	0	0	0	0	0	1	1	1	
8	0	1	1	1	1	1	1	1	
9	0	1	1	0	1	1	1	1	

初始化部分，对用到的所有引脚进行初始化。主函数部分利用 for() 循环语句分别给 a~f 引脚写入高低电平。

背景知识

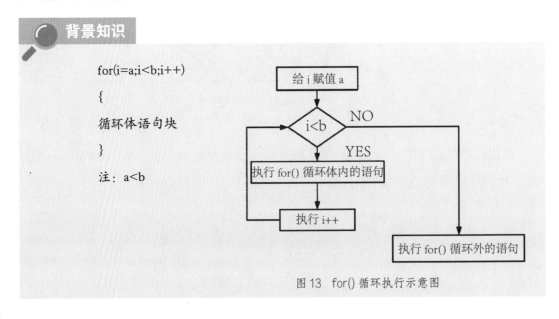

```
for(i=a;i<b;i++)
{
循环体语句块
}
注：a<b
```

图 13　for() 循环执行示意图

如图 13 所示，根据 for 循环的执行顺序来解释 for 循环。For 循环在执行时，先执行 for 后小括号中的"i=a 和 i<b"两个部分，即给 i 赋一个初值 a，然后判断 i 的值与循环结束量 b 的关系。如果 i<b，就执行循环语句块；如果 i>=b，将不执行循环语句块，直接跳出 for 循环。

只要 i 的值满足 for 后小括号内的 i<b 这一条件，则程序执行循环语句块。循环语句块执行完毕后，返回 for 后的小括号中，执行"i++"，使 i 的值加 1。然后，再次执行判断 i 与 b 的关系，如果满足"i<b"，就执行循环语句块中的内容，执行完毕则返回 for 后的小括号中……（即图中黑色虚线部分），代码如此往复执行，直至 i>=b，不再满足循环执行的条件，代码跳出 for() 循环。

在本代码中，i=0 时，for 循环的循环体部分执行的内容为：

```
digitalWrite(SEG_a,table[0][7]);
digitalWrite(SEG_b,table[0][6]);
digitalWrite(SEG_c,table[0][5]);
digitalWrite(SEG_d,table[0][4]);
digitalWrite(SEG_e,table[0][3]);
digitalWrite(SEG_f,table[0][2]);
digitalWrite(SEG_g,table[0][1]);
digitalWrite(SEG_h,table[0][0]);
delay(1000);
```

由于数值"1"代表高电平，"0"代表低电平。所以，上述代码相当于下列形式。

```
digitalWrite(SEG_a,HIGH);
digitalWrite(SEG_b,HIGH);
digitalWrite(SEG_c,HIGH);
digitalWrite(SEG_d,HIGH);
digitalWrite(SEG_e,HIGH);
```

```
digitalWrite(SEG_f,HIGH);
digitalWrite(SEG_g,LOW);
digitalWrite(SEG_h,LOW);
delay(1000);
```

这时 a、b、c、d、e、f 段点亮，g 段熄灭，数码管上显示的数字为"0"。for 循环依次继续执行，i 分别为 1、2、3、4、5、6、7、8 时对应的数组行，显示后续数字。

（3）测试

将代码输入 Arduino 的编程环境中进行编译，编译成功后将代码上传至 UNO 主板。一位数码管上的数字将会从"0"跳到"9"。扫描二维码，查看实验效果。

实验效果

图 14　实验效果图

实验 2：四位数码管显示数字

四位数码管可以看做是由 4 个一位数码管组成，在使用时，通过 Switch 函数依次调用不同的 com 端口显示数字。利用人眼的视觉暂留效应，呈现同时显示 4 个数字的效果。

（1）电路连接

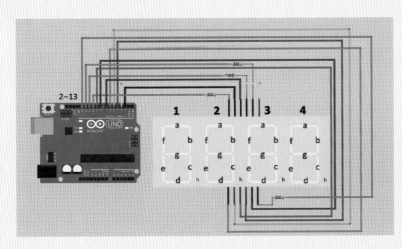

扫一扫

电路连接过程

图 15 四位数码管接线图

根据图15进行电路连接。其中com端口和普通的引脚都与UNO主板的数字引脚相连。四位数码管工作时，com1端口结合 a、b、c、d、e、f、g、h 端口共同控制 1 号数码管。同理，com2 端口控制 2 号数码管；com3 端口控制 3 号数码管；com4 端口控制 4 号数码管。扫描二维码，查看电路连接过程。

（2）代码编写

```
// 定义部分
#define SEG_A 2
#define SEG_B 3
#define SEG_C 4
#define SEG_D 5
#define SEG_E 6
#define SEG_F 7
#define SEG_G 8
#define SEG_H 9
#define COM1 10
```

```
#define COM2 11
#define COM3 12
#define COM4 13

int table[10][8] =
{
    {0,    0,    1,    1,    1,    1,    1,    1},      // 显示数字 0
    {0,    0,    0,    0,    0,    1,    1,    0},      // 显示数字 1
    {0,    1,    0,    1,    1,    0,    1,    1},      // 显示数字 2
    {0,    1,    0,    0,    1,    1,    1,    1},      // 显示数字 3
    {0,    1,    1,    0,    0,    1,    1,    0},      // 显示数字 4
    {0,    1,    1,    0,    1,    1,    0,    1},      // 显示数字 5
    {0,    1,    1,    1,    1,    1,    0,    1},      // 显示数字 6
    {0,    0,    0,    0,    0,    1,    1,    1},      // 显示数字 7
    {0,    1,    1,    1,    1,    1,    1,    1},      // 显示数字 8
    {0,    1,    1,    0,    1,    1,    1,    1}       // 显示数字 9
};
// 初始化部分
void setup()
{
        pinMode(SEG_A,OUTPUT);              // 设置为输出引脚
        pinMode(SEG_B,OUTPUT);
        pinMode(SEG_C,OUTPUT);
        pinMode(SEG_D,OUTPUT);
        pinMode(SEG_E,OUTPUT);
        pinMode(SEG_F,OUTPUT);
        pinMode(SEG_G,OUTPUT);
        pinMode(SEG_H,OUTPUT);
```

```
        pinMode(COM1,OUTPUT);

        pinMode(COM2,OUTPUT);

        pinMode(COM3,OUTPUT);

        pinMode(COM4,OUTPUT);

}
// 主函数部分
void loop()

{

        Display(1,1);                    // 第 1 位显示 1

        delay(3);

        Display(2,2);                    // 第 2 位显示 2

        delay(3);

        Display(3,3);                    // 第 3 位显示 3

        delay(3);

        Display(4,4);                    // 第 4 位显示 4

        delay(3);

}
// 自定义函数 Display()
void Display(int com,int num)// 显示函数，com 可选数值 1~4，num 可选数值 0~9

{

        digitalWrite(SEG_A,LOW);

        digitalWrite(SEG_B,LOW);

        digitalWrite(SEG_C,LOW);

        digitalWrite(SEG_D,LOW);

        digitalWrite(SEG_E,LOW);

        digitalWrite(SEG_F,LOW);
```

```
digitalWrite(SEG_G,LOW);
digitalWrite(SEG_H,LOW);          // 给每个引脚写入低电平，去除余晖
switch(com)                       // 选通数码管上的位
{
        case 1:
                digitalWrite(COM1,LOW);          // 选择位 1
                digitalWrite(COM2,HIGH);
                digitalWrite(COM3,HIGH);
                digitalWrite(COM4,HIGH);
                break;
        case 2:
                digitalWrite(COM1,HIGH);
                digitalWrite(COM2,LOW);          // 选择位 2
                digitalWrite(COM3,HIGH);
                digitalWrite(COM4,HIGH);
                break;
        case 3:
                digitalWrite(COM1,HIGH);
                digitalWrite(COM2,HIGH);
                digitalWrite(COM3,LOW);          // 选择位 3
                digitalWrite(COM4,HIGH);
                break;
        case 4:
                digitalWrite(COM1,HIGH);
                digitalWrite(COM2,HIGH);
                digitalWrite(COM3,HIGH);
                digitalWrite(COM4,LOW);          // 选择位 4
```

```
                        break;
                default:break;
        }

        digitalWrite(SEG_A,table[num][7]);              //a 查询码值表
        digitalWrite(SEG_B,table[num][6]);
        digitalWrite(SEG_C,table[num][5]);
        digitalWrite(SEG_D,table[num][4]);
        digitalWrite(SEG_E,table[num][3]);
        digitalWrite(SEG_F,table[num][2]);
        digitalWrite(SEG_G,table[num][1]);
        digitalWrite(SEG_H,table[num][0]);
    }
```

loop 中调用了 4 次 Display 函数，每次的数值不同。当程序执行到 Display（1，1）时，会将数据复制给 void Display（int com, int num）的参数，并执行其中的代码。当 Display 中的代码执行完毕后，程序返回到 Display（1,1）接着执行后续代码。同理执行其他参数。

Display() 函数封装了具体如何显示数字的代码，这样 loop 中只要调用 Display 即可，使得程序更简洁。括号中的 com 和 num 称作形式参数，用于接收实际数据。形式参数前面的数据类型为 int，规定了可以接收整数型参数。

在 void Display(int com,int num) 函数内，为了消除每段 LED 显示后留下的余晖，首先利用 digitalWrite() 函数为四位数码管的每段 LED 对应的引脚写入低电平。然后，代码根据从函数名 Display(1,1) 中传递的 com 值执行 switch 分支语句。

由于这里传递进的 com 值为 1，因此执行 case 1 语句后的内容，给 com1 端口低电平，选通 com1 端口；给 com2、com3、com4 端口高电平，使它们处于非选通状态。最后根据 digitalWrite() 语句分别为 com1 端口控制的 1 号数码管的每段 LED 写入高低电平，使得 1 号数码管显示数字"1"。这样执行完毕后，代码将返回至主函数 loop() 中执行 delay(3) 语句。接着依次执行 Display(2,2)、Display(3,3)、Display(4,4)。四个函数执行完毕后，在四位数码

管上将显示数字"1234"。

（3）测试

测试 A

为了方便理解四位数码管中四个数字的显示，可以分别注释掉部分代码。注释后 loop() 的代码为：

```
void loop()
{
        Display(1,1);                      // 第 1 位显示 1
        delay(3);
        //Display(2,2);                    // 第 2 位显示 2
        //delay(3);
        //Display(3,3);                    // 第 3 位显示 3
        //delay(3);
        //Display(4,4);                    // 第 4 位显示 4
        //delay(3);
}
```

将注释后的代码上传到 UNO 主板中，查看数码管上显示的数字。扫描二维码，查看测试效果。

实验效果

图 16　显示"1"的实验效果图

观察发现，此时只显示四位数码管中 1 号数码管的数字。说明 com1 控制数码管左起第一位，且每次只显示一位数字。

这样可以依次注释掉对应的各部分代码，单独显示 2、3、4 三个数字。观察四位数码管上显示的数字。扫描二维码，查看测试效果。

实验效果

图 17　显示"2"的实验效果图

图 18　显示"3"的实验效果图

图 19　显示"4"的实验效果图

测试 B

将实验 2 的代码输入到 Arduino 的编程环境中进行编译，编译成功后，将代码上传至 UNO 主板，观察数码管上显示的数字。扫描二维码，查看测试效果。

实验效果

图 20 显示 "1234" 的实验效果图

4. 小结

四位数码管的实验是通过 com 端口和引脚的电平来控制数字的显示。数码管在实际应用中主要用于显示输出数字，例如电子温度计需要实时显示温度。利用数码管还可以制作更多有趣的小项目如倒计时器、累加器等。

但数码管最多只能显示 4 位数字，而且不能显示英文字符，局限性较大。在后续的实验中，将使用一种名为 LCD 的液晶显示器，它更适合显示含字母、数字和符号的内容。

本节代码

＊第七节 步进电机

1. 实验目的

步进电机是一种可以精确控制转动圈数的电机，经常被用于制作云台、有精度要求的机器人履带车等项目。在本节，将学习如何控制步进电机精确的旋转角度。

2. 认识器件

实验器件：步进电机、ULN2003 步进电机驱动板、UNO 主板（各一个）、USB 数据线（一条）、杜邦线（若干）。

（1）步进电机

步进电机实物如图 1 所示，这是一个四相位五引脚的步进电机。它的直径为 28mm，额定电压为 5V，有 5 个引脚，其中一个是步进电机的 VCC 引脚，其余的 4 个用于控制步进电机的相位。

那么"相位"是什么呢？请扫描二维码，寻找答案。

图 1 步进电机实物图

步进电机工作时，将电脉冲信号转变为角位移或线位移，它以固定的角度（称为步距角）一步一步旋转运行，其最大的特点是没有积累误差。在非超载的情况下，电机的转速、停止的位置只取决于脉冲信号的频率和脉冲数，不受负载变化的影响。步进电机的步进角为 5.635°，旋转一周，需要 64 个脉冲完成。

注意：由于步进电机受驱动板和内部减速齿轮的影响，实际步距角很可能不是 5.635°，所以使用前，必须测量所使用的电机转一圈实际需要的步数。

相位

（2）ULN2003 步进电机驱动板

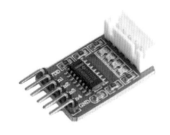

图 2　ULN2003 步进电机驱动板

ULN2003 步进电机驱动板实物如图 2 所示，共有 6 个引脚，用于驱动步进电机的旋转。

3. 实验内容

本节实验将利用两种方法驱动步进电机旋转，第一种方法是改变步进电机的相位来驱动旋转；第二种方法是利用 Stepper 函数库中的 setSpeed() 和 step() 函数，让步进电机旋转设定的角度。第一种方法有助于了解步进电机的工作原理，第二种方法是在实际项目中常常使用的方法。

实验 1：步进电机旋转

通过程序设置步进电机不同引脚的电平值，并依次执行相关相位的函数，使得步进电机按照预设的方式转动。

（1）电路连接

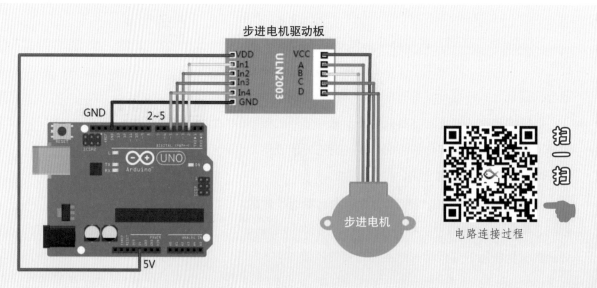

图 3　电路接线图

　　将步进电机驱动的 BJ1~BJ4 引脚与 UNO 主板的 2~5 号引脚连接，用于从 UNO 主板读取信号，驱动步进电机，改变步进电机的相位。其中步进电机驱动板起到了反转电平的作用。扫描二维码，查看电路连接过程。

　　（2）代码编写

　　步进电机驱动板上的 BJ1~BJ4 分别对应相位 A~D。当 UNO 主板给 BJ1~BJ4 的信号为 HIGH、LOW、LOW、LOW，步进电机端 A~D（A~D 代表四个相位）接收到的电平信号为 LOW、HIGH、HIGH、HIGH。由于 A 相位是低电平，其余相位为高电平，于是步进电机将向 A 相位方向旋转。利用这一原理分别依次给 BJ1~BJ4 高电平，驱动电机向 A~D 相位旋转，使得步进电机连续不断地朝一个方向旋转。

```
// 定义部分
#define BJ1 2                   // 引脚命名
#define BJ2 3
#define BJ3 4
#define BJ4 5
// 初始化部分
void setup()
{
        pinMode(BJ1,OUTPUT);    // 设置引脚为输出引脚
        pinMode(BJ2,OUTPUT);
        pinMode(BJ3,OUTPUT);
        pinMode(BJ4,OUTPUT);
}
// 主函数部分
void loop()
{
        Phase_A();              // 设置 A 相位
        delay(10);              // 改变延时可改变旋转速度
        Phase_B();              // 设置 B 相位
```

```
            delay(10);
            Phase_C();                      // 设置 C 相位
            delay(10);
            Phase_D();                      // 设置 D 相位
            delay(10);
}
// 自定义函数 Phase_A()
void Phase_A()
{
            digitalWrite(BJ1,HIGH);         //A1 引脚高电平
            digitalWrite(BJ2,LOW);
            digitalWrite(BJ3,LOW);
            digitalWrite(BJ4,LOW);
}
// 自定义函数 Phase_B()
void Phase_B()
{
            digitalWrite(BJ1,LOW);
            digitalWrite(BJ2,HIGH);         //B1 引脚高电平
            digitalWrite(BJ3,LOW);
            digitalWrite(BJ4,LOW);
}
// 自定义函数 Phase_C()
void Phase_C()
{
            digitalWrite(BJ1,LOW);
            digitalWrite(BJ2,LOW);
            digitalWrite(BJ3,HIGH);         //C1 引脚高电平
```

```
        digitalWrite(BJ4,LOW);
}
// 自定义函数 Phase_D()
void Phase_D()
{
        digitalWrite(BJ1,LOW);
        digitalWrite(BJ2,LOW);
        digitalWrite(BJ3,LOW);
        digitalWrite(BJ4,HIGH);              //D1 引脚高电平
}
```

主函数部分，程序调用自定义函数 Phase_A()、Phase_B()、Phase_C() 和 Phase_D() 对 A~D 的相位进行设置，从而驱动电机的转动。

以函数 Phase_A() 为例。执行主函数 loop() 时，首先调用 Phase() 函数。当函数 Phase_A() 给 BJ1~BJ4 设置的电平信号是 HIGH、LOW、LOW、LOW 时，相位 A~D 得到的信号为 LOW、HIGH、HIGH、HIGH，这样步进电机向 A 相位旋转。执行完 Phase_A 函数后，利用 delay(10); 语句，延迟 10 毫秒，延迟的时间越长，步进电机转动的速度越慢。同理，主函数依次执行 Phase_A()、Phase_B()、Phase_C()、Phase_D() 四个函数。由于主函数是 loop() 函数，函数的内容会无限次循环，因此，步进电机不停地转动。

（3）测试

为了使步进电机的转动现象看起来更明显，可以在其旋转轴上粘贴一个纸条，以便于观察。将代码输入 Arduino 的编程环境中进行编译，编译成功后将代码上传至 UNO 主板。代码执行时，便可以看到步进电机上的纸条不断地旋转。扫描二维码，查看实验效果。

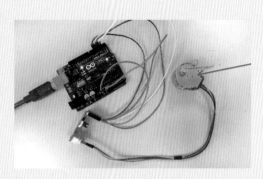

扫一扫

实验结果

图 4　实验效果图

实验 2：步进电机转动设定的角度

通过调用 Stepper 库函数，利用 setSpeed() 和 step() 函数设定步进电机转动的速度和步数，以此使步进电机转动设定的角度。

注意： 由于步进电机受驱动板和内部减速齿轮的影响，实际步距角已经不是 5.635°，经过实际测量得出此电机转动一周需要走 2025 步，推算步距角约为 0.17778°（360° / 2025）。

（1）电路连接

与实验 1 相同。

（2）代码编写

```
// 定义部分
#include <Stepper.h>        // 调用 Stepper 函数库
#define BJ1 2               // 引脚命名
#define BJ2 3
#define BJ3 4
#define BJ4 5
#define STEPS 100
Stepper mystepper(STEPS, BJ1, BJ2, BJ3, BJ4);  // 创建一个 Stepper 类的对象
// 初始化部分 \
```

```
void setup()

{

    pinMode(BJ1,OUTPUT);              // 设置引脚为输出引脚

    pinMode(BJ2,OUTPUT);

    pinMode(BJ3,OUTPUT);

    pinMode(BJ4,OUTPUT);

mystepper.setSpeed(30); // 设置电机的转速为 30 转（revolution）/ 每分钟，这
// 里只是设置旋转的速度。

}

// 主函数部分

void loop()

{

mystepper.step(500); // 设定电机旋转 500 步

 delay(1000);            // 延迟 1s

}
```

背景知识

　　在代码的开头，调用了 Stepper.h 库函数。什么是库函数？在编程的过程中，常常会用到不同的函数，各种函数在一起，使得代码比较长。编程人员将同类别的函数放在一个文件夹中，称库函数。该文件夹的名称就是库函数的名称。使用库函数时，需要在程序代码的第一行利用 #include< 库函数名称 > 的方式进行调用。常使用的函数 pinMode() 等是封装在 Arduino.h 库函数中的，使用时编译器会自动加载，可以省略不写。

定义部分对用到的引脚进行定义，并定义常量 STEPS。常量的定义与引脚的定义方式相似。

#define 常量名 常量

定义中的"#define STEPS 100"，表示此代码中凡出现 STEPS 均用 100 替代。

步进电机利用脉冲来控制电机的旋转，每给步进电机一个脉冲，它会相应旋转一定

的角度，这个角度称之为脉冲角。

由于库函数是利用 C++ 语言编写，C++ 语言是面向对象的语言，因此需要创建一个关于步进电机的对象。这里创建的对象是 mystepper，创建的对象共有五个参数。

mystepper(steps,pin1,pin2,pin3,pin4)

steps: 指步进电机转动一周需要的步数。这里 Steps 的值为 100，代表步进电机每转一圈需要走 100 步（此处不考虑减速齿轮的减速比和驱动板对电机的影响）。

pin1~pin4：是步进电机四个与 UNO 主板相连接的引脚编号。这里选用 UNO 主板上的 2、3、4、5 引脚。

初始化部分对用到的引脚进行初始化，并利用 setSpeed() 函数设定步进电机转动的速度为每分钟 30 转。需要注意的是 setSpeed() 函数只设置转速，不控制步进电机旋转。

主函数部分利用 mystepper.step() 设定电机转动指定的步数，它的速度取决于最近调用的 setSpeed() 函数中设定的速度。设定电机转动 500 步，根据计算，电机将转动约 90°（0.177778*500）。

（3）测试

将代码输入 Arduino 的编程环境中进行编译，编译成功后将代码上传至 UNO 主板。观察步进电机连续转动的角度与设定的角度是否相同。扫描二维码，查看实验效果。

实验效果

实验 3：测试步进电机的实际步距角

由于步进电机受驱动板和内部减速齿轮的影响，步距角很可能会发生变化。活动 2 中，直接使用了经过实际测量得出的电机步距角（约 0.18°）。这个值是如何测量得到的呢？下面简单介绍一下测量的方法。测量方法并不唯一，你可以自主探索别的测量方法。

（1）电路连接

与实验 2 相同。

（2）代码编写

与实验 2 相同。

（3）测试

第一步：在步进电机的纸条正下方，用铅笔在步进电机上标注一个点。

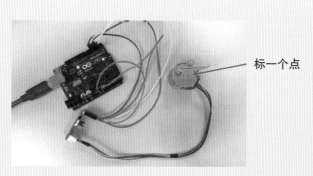

图 5　做过标记的步进电机

第二步：给 mystepper.step() 函数一个较小参数，使电机旋转，如 mystepper.step(20)，电机转动很小的角度。再给 mystepper.step() 一个较大的参数，如 mystepper.step(200)，电机转动的角度还是很小。将参数换成 mystepper.step(3000)，电机转动超过了一圈，但不多。随后，慢慢减小参数，调整到最合适的一个数值。最后确定步数为 2025，那么它的实际步距角就是 360° / 2025 ≈ 0.18°。

扫描二维码，查看实验效果。

> **Tips**
>
> 根据实验结果，可以直接从 1800 开始给 mystepper.step() 函数赋参数值，尽管所使用的驱动板型号和步进电机型号可能不同，但是实际步距角的差距不大。

实验效果

4. 小结

本节中，通过三个实验的学习操练，掌握了步进电机的工作原理。步进电机区别于普通电机的地方在于它的旋转速度不快，但旋转的角度可以设定。

本节代码

第八节　液晶 LCD 显示文字

1. 实验目的

如前所述，数码管不能显示英文字符和符号。液晶显示屏不仅能很好地显示数字，也能显示英文字符和符号，用途相较于数码管更广。本节实验中，将尝试使用液晶显示屏显示当前环境的温度。

2. 认识器件

实验器件：液晶 LCD、LM35 温度传感器、面包板、UNO 主板（各一个）、USB 数据线（一条）、电阻、跳线（若干）。

（1）液晶 LCD

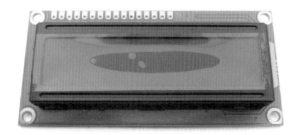

图 1　液晶 LCD 实物图

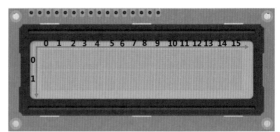

图 2　液晶 LCD 示意图

液晶 LCD 的实物图如图 1 所示，它是一种平面显示器，可以显示 ASCII 码 2 行 *16 个英文字母，还能显示数字和标点符号，但不能显示中文。如图 2 所示，它的每一个小格都能显示一个字符。

（2）LM35 温度传感器

如图 3 所示，LM35 温度传感器共有三个引脚，两端的引脚分别是 5V 引脚和 GND 引脚，中间的是信号引脚。它能感受外界环境温度的变化，当环境温度发生改变，LM35 温度传感器的输出值也会发生变化。LM35 的输出值转化为电压后与温度成线性关系，表现为温度每升高一度，电压升高 10mV。

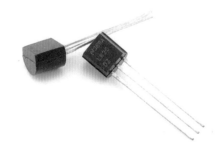

图 3　LM35 温度传感器

3. 实验内容

本实验将利用 LM35 温度传感器两端的电压值与温度之间的线性关系，计算出当前环境的温度值，并用液晶 LCD 显示。

实验1：串口监视器显示温度值

由于 LM35 温度传感器两端的电压值与温度之间存在线性关系，根据这种关系，可以计算出当前环境的温度值，将温度值在串口监视器中显示。

（1）电路连接

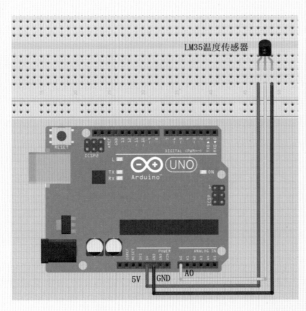

电路连接过程

图 4　电路接线图

如图 4 所示，将 LM35 温度传感器接入电路中。在连接时应注意，将"LM35"标志的一面正向放置，左端的引脚接 UNO 主板的 5V 引脚，右端的引脚接 UNO 主板的 GND 引脚，中间的引脚接 UNO 主板的 A0 模拟引脚，用于 LM35 和 UNO 主板之间信号的传递。扫描二维码，查看电路连接过程。工作时，环境温度发生变化，LM35 温度传感器两端的电压值也会发生变化，根据电压值与温度值之间的关系，可以计算出当前环境的温度值。

77

（2）代码编写

```
// 定义部分
#define LM35 A0
int val = 0;                          // 存放读取的 LM35 温度传感器的值
float temp = 0;                       // 温度值
// 初始化部分
void setup()
{
 pinMode(A0,INPUT);
 Serial.begin(9600);
}
// 主函数部分
void loop()
{
 val = analogRead(LM35);              // 读取 LM35 温度传感器的值
 temp = val * 0.48876;                // 计算温度值
 Serial.print("LM35 = ");
 Serial.println(temp);                // 串口输出温度值
 delay(1000);
}
```

定义部分对用到的模拟引脚 A0 进行定义，并定义了需要使用的变量 val 和 temp，其中 val 用于存放 A0 模拟引脚的值，temp 用于存储经过计算得到的温度值。

初始化部分对用到的引脚和串口进行初始化。

主函数中，先采用 analogRead() 函数读取 A0 模拟引脚的数值。环境温度值 temp=0.48876*val，单位为℃。程序计算出温度值后，利用串口通讯的方式将温度值输出在监视窗口。

背景知识

temp=0.48876*val 这一代码中，0.48876 是怎么计算出来的呢？

根据 A0 引脚读取的模拟值和电压之间的关系可以得到下式：

$$\frac{5}{x} = \frac{2^{10}-1}{val}$$

其中 5 是为电路供电的电压，x 是温度传感器两端的电压值，（$2^{10}-1$）即 2013 是模拟信号量最大值，val 是 analogRead() 读取到的 A0 引脚的模拟值。经过列式计算，可以得到下式：

x=(5*val*1000)/1023

=4.8876*val

其中乘以 1000 将单位转换为 mV。

由于 LM35 温感器两端的电压值与环境温度之间是线性关系，环境温度为 0℃时，LM35 温度传感器两端的电压值为 0mV。环境温度每升高 1℃，LM35 温度传感器两端的电压将升高 10mV。因此，环境温度值 temp 为

temp=0.48876*val，单位为℃

（3）测试

将代码输入 Arduino 的编程环境中进行编译，编译成功后将代码上传至 UNO 主板。打开监视窗口，可以看到当前环境温度值。当用手轻轻按住 LM35 温度传感器时，发现温度值发生了改变。扫描二维码，查看实验效果。

实验结果

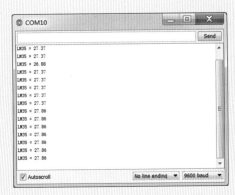

图 5　实验效果 1

图 6　实验效果 2

实验 2：液晶 LCD 显示温度

表示温度时，不仅需要数值，还需要带上表示温度的符号"℃"。下面将使用 1602 液晶 LCD 输出带有温度符号℃的当前温度值。

（1）电路连接

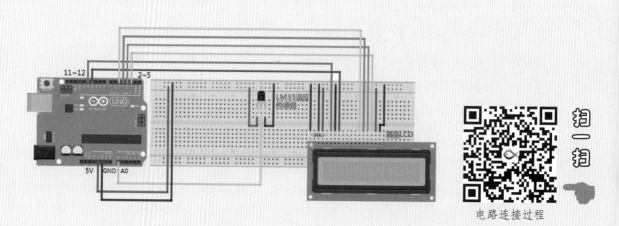

图 7　电路接线图

如图 7 所示，将液晶 LCD、LM35 和 UNO 主板进行连接。扫描二维码，查看电路连接过程。液晶 LCD 是至今学习过的引脚最多的器件，这里仅对本次实验用到的、影响液晶显示数据的引脚进行介绍，如图 8 所示。

LM35 温度传感器将环境温度的变化值通过 A0 模拟引脚传递给 UNO 主板。UNO 主板对信号进行处理，通过液晶 LCD 输出温度值。

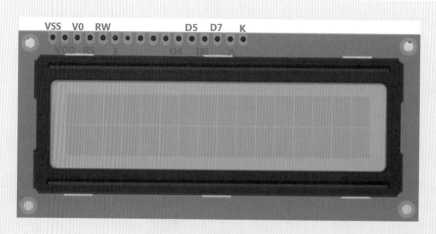

图 8　液晶 LCD 引脚图

VSS: 接地引脚。

VDD: 接 5V 引脚，为液晶 LCD 供电。

VO: 控制液晶的对比度，连接不同的电阻，液晶显示出来字的对比度就不同。

RS: 数据 / 指令的选择。表示 UNO 主板是向液晶 LCD 屏输出数据还是指令。其中 RS 接高电平表示传输数据，接低电平表示传输指令。

RW: 读 / 写。RW 接高电平表示从液晶 LCD "读数据"，接低电平表示向液晶 LCD "写数据"。

E:E 是 ENA 的缩写，表示使能。接高电平表示激活液晶 LCD，允许 UNO 主板向液晶 LCD 内写数据。

D4~D7: 用于接收 UNO 向液晶 LCD 传输的数据信号，将信号转换成数据在显示屏上显示。

A 和 K: 是 LCD 背光的电源，其中 A 接 UNO 主板的 5V 引脚，K 接 UNO 主板的 GND 引脚。这样，即使在夜间也能看清液晶 LCD 上的数据。

实验中，LM35 温度传感器将环境温度的变化值通过 A0 模拟引脚传递给 UNO 主板，UNO 主板对信号进行处理，再通过液晶 LCD 的引脚将数据或者指令输出到液晶 LCD 上。

（2）代码编写

尽管 LCD 的引脚很多，但采用 LiquidCrystal 库函数调用它的显示功能却很简单。

```
// 定义部分
#include <LiquidCrystal.h>
#define LM35 A0
// 构造一个 LiquidCrystal 的对象 lcd。使用数字 IO ,12,11,5,4,3,2
LiquidCrystal lcd(12,11,5,4,3,2);
int val = 0;                          // 存放 AD 变量值
float temp = 0;                       // 存放温度值的 10 倍
// 初始化部分
void setup()
{
```

```
    lcd.begin(16,2);                        // 初始化 LCD1602
    lcd.print("Hello Maker!");              // 液晶显示 Hello Maker!
    delay(1000);                            // 延时 1000ms
    lcd.clear();                            // 液晶清屏
    }
    // 主函数部分
    void loop()
    {
    val = analogRead(LM35);                 // 读取 AD 值
    temp = val * 4.8876;                    // 转换为温度值的 10 倍，利于显示
    lcd.setCursor(0,0);                     // 设置液晶开始显示的指针位置
    lcd.print("LM35 temp =");               // 液晶显示"LM35 temp ="
    lcd.setCursor(0,1);                     // 设置液晶开始显示的指针位置
    lcd.print((int)temp/10);                // 液晶显示温度整数值
    lcd.print(".");                         // 液晶显示小数点
    lcd.print((int)temp%10);                // 液晶显示温度小数值

    lcd.print((char)223);                   // 液晶显示"°"
    lcd.print("C");                         // 液晶显示"C"
    delay(1000);                            // 延时 1000ms
    }
```

定义部分对用到的引脚和变量进行定义，并调用有关液晶的库函数 LiquidCrystal，创建对象 lcd。对象 lcd 使用 UNO 主板的数字引脚 12、11、5、4、3、2 进行数据或者指令的输出。

初始化部分采用 begin() 函数对液晶 LCD 进行初始化，采用 print() 函数在液晶上输出"Hello Maker!"，延迟 1s 后，再采用 clear() 函数进行清屏。

主函数部分，采用 analogRead() 函数读取温度传感器 A0 的值，根据公式计算出温度值的十倍。利用 setCursor 函数设置液晶 LCD 输出的起始坐标为 (0,0)，输出"LM35 temp ="，即从液晶 LCD 的第一行第一列的位置开始输出"LM35 temp ="。接着重新设置液晶 LCD

输出的起始坐标为 (0,1)，输出温度的数值和符号，即从液晶 LCD 第二行第一列的位置开始输出温度的数值和符号。

实际上 lcd.print();是可以输出带有小数点的 float 数值，若采用这样的处理方式，在数值输出的过程中小数的位数可能会变化，一会是二位小数，一会是两位小数。一般情况下，温度值不需要精确到小数点后三位，因此，这里只保留一位小数。

背景知识

为了控制输出的温度值只有一位小数，需要将温度值的整数部分和小数部分分别输出。输出的时候将温度值拆解成三个部分（整数部分、小数点和小数部分）。想要得到温度值的整数部分，采用强制类型转换的方式获得 temp 的整数部分即可。因为 temp 是温度的十倍，因此在获得 temp 的整数部分之后需要整除 10，即（int（temp）/10），得到温度的整数部分（利用 int() 对 temp 进行强制类型转换，关于强制类型转换的部分请参考"低头警报器"项目中"测试超声波模块"的代码部分）。

如何才能获得温度值的小数部分呢？想要获得温度值的小数部分，需先认识一个运算符"%"。它叫做"取余运算符"，顾名思义，它的作用就是获得两个数值相除后的余数，例如 5%2=1。

那么如何利用它获得数值的小数部分呢？这就需要先将数值扩大 10 倍，取整后，再对 10 取余便可获得该数值第一位小数值了。例如，要获得"45.74"的第一位小数"7"，int(45.74*10)%10=7，这样就获得"45.74"的第一位小数"7"。根据实验代码，temp 的值原本就是实际温度值的 10 倍，因此，这里不再需要乘以 10，只需要对 temp 进行强制类型转换后，再对 10 取余即可，即表达式"（int）temp%10"。

由于"°"是符号，在键盘上没有按键对应，所以将符号对应的 ASCII 码值"223"转化成 char 进行输出，即 lcd.print(char(223))，就完成"°"的输出。对于温度符号的另一部分"C"，直接利用 print() 函数输出"C"即可。

最后采用 print() 函数依次输出整数部分、圆点和小数部分，完成温度值的输出。

（3）测试

将代码输入 Arduino 的编程环境中进行编译，成功后将代码上传至 UNO 主板。可以看到液晶 LCD 上显示出当前的温度。扫描二维码，查看实验效果。

扫一扫

实验效果

图 9　实验效果

4. 小结

本节实验采用液晶 LCD 显示温度。其实只要有数据输出的地方都可以使用液晶 LCD，这种方式为实验中数据的显示提供了方便。由于连接 LCD 占用了 Arduino 的多个引脚，使得 Arduino 和其他模块的连接变得困难，因此，有些 LCD 上增加了 I2C 模块，这样只要 4 根线便能实现数据传输，方便了许多。

本节代码

第九节　9 克舵机

1. 实验目的

本节中，我们要学习使用 Arduino 控制一个 9 克舵机的转动。9 克舵机广泛应用于车模、航模和机器人的制作，利用它可以控制船尾舵的摆动、飞机升降翼的变动及机器人手臂关节的转动等。

2. 认识器件

实验器件：9 克舵机、UNO 主板、电位器（各一个）、USB 数据线（一条）、跳线、杜邦线（若干）。

负极　　信号　　正极

图 1　9 克舵机实物接口图

9 克舵机（因其重量为 9 克而得名）可以控制物体旋转一定的角度，它的外观如图 1 所示，外壳呈半透明的蓝色，内有白色的齿轮。它的工作电压为 4.8~6V，在静态不受力的情况下电流在 50mA 以下，在动态大力矩作用时超过 500mA。如图 1 所示，9 克舵机有三个接口，其中红色是正极，为舵机供电，棕色是负极，黄色是信号线，用于传递舵机控制信号。舵机工作时，将摇臂固定在舵机顶端的旋转轴上，脉冲信号经过舵机的黄色信号线控制舵机旋转轴的转动，使摇臂旋转。

Tips

有的舵机接口线并不是红、棕、黄这三种颜色，那么接线方式需要查看舵机的规格。

3. 实验内容

本实验将采用两种方法控制舵机的转动。第一种方法是根据设定的角度计算脉冲信号的占空比，使舵机转动到设定的角度。第二种方法是调用 Servo 库函数控制舵机转动的角度。第一种方法有助于了解舵机转动的原理，但在实际项目中更多是使用第二种方法。

实验1：计算占空比，使舵机转动到设定角度

通过计算脉冲信号的占空比，改变脉冲信号宽度的方式，使舵机转动设定的角度。

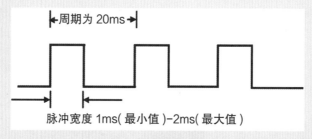

图2 脉冲信号周期

脉冲信号的周期为 20ms，理论上，脉冲宽度的最小值为 1ms，最大值为 2ms，对应的角度为 0° ~180°。

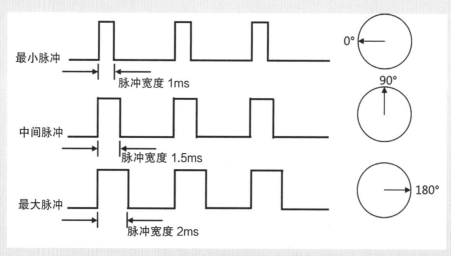

图3 脉冲宽度与舵机角度对应关系

当舵机接收到一个小于 1.5ms 的脉冲，输出的角度会以中间位置为基准，逆时针旋转一定的角度。当接收到的脉冲大于 1.5ms，输出的角度会以中间位置为基准，顺时针旋转。这就是脉冲宽度与基准信号之间的关系。

（1）电路连接

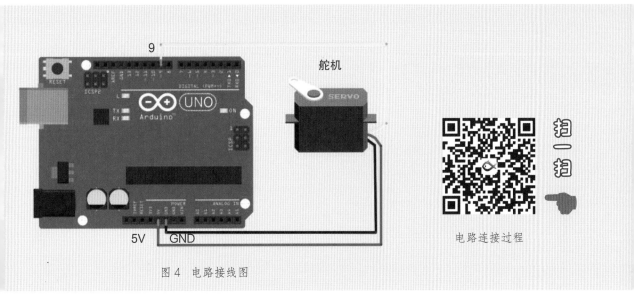

图 4　电路接线图

　　如图 4 所示，将舵机与 UNO 主板相连。舵机的红色线与 UNO 主板的 5V 引脚相连，用于为舵机供电；棕色线接 UNO 主板的 GND 引脚；黄色线接 UNO 主板的 9 号引脚，用于 UNO 主板向舵机发送控制信号。扫描二维码，查看电路的接线方式。

（2）代码编写

```
// 定义部分
#define PWM_pin 9
int pulsewidth = 0;                    // 高电平时间 / 脉冲宽度
// 初始化部分
void setup()
{
  pinMode(PWM_pin,OUTPUT);
}
// 主函数部分
void loop()
{
```

```
    pulse(60);                          // 设置舵机转动 60 度
}
// 自定义函数 pulse()
void pulse(int angle)                   // 设置舵机角度为 angle
{
    pulsewidth=int ((angle*11)+500);    // 计算转动 60°需要高电平的时间
    digitalWrite(PWM_pin,HIGH);         // 设置高电平
    delayMicroseconds(pulsewidth);      // 延时 pulsewidth （us）
    digitalWrite(PWM_pin,LOW);          // 设置低电平
    delay(20-pulsewidth/1000);          // 延时 20-pulsewidth/1000 （ms）
}
```

定义部分和初始化部分对用到的引脚和变量进行定义和初始化，此处不是只能使用 9 号引脚，其他数字引脚均可使用。

主函数部分调用自定义函数 pluse(),pluse() 只有一个参数，该参数表示舵机需要转动的角度。

在 pluse() 函数中，设定转动的角度需要的脉冲宽度为"pulsewidth=int ((angle*11)+500);"，因此，给 PWM_pin 脚的高电平时间为 pulsewidth（单位为 us），延时函数使用 delayMicroseconds()；由于脉冲信号的周期为 20ms，因此，低电平时间为 20-pulsewidth/1000（单位为 ms），延时函数使用 delay()。

背景知识

究竟该如何计算已知角度与脉冲宽度之间的关系呢？

理论上脉冲宽度的范围是 1~2ms，但实际应用时，使用的脉冲宽度的变化范围是 0.5~2.48ms，对应的角度为 0~180°。因此，舵机每转动 1°，脉冲宽度变化为（2.48-0.5）/180=11us。又由于脉宽是从 500us 开始，因此，脉冲与角度之间的转化关系可表示为：plusewidth=(angle*11)+500。

（3）测试

将代码输入 Arduino 的编程环境中进行编译，编译成功后将代码上传至 UNO 主板，可以看到舵机旋转了 60°。扫描二维码，查看实验效果。

扫一扫

实验效果

图 5　实验效果

实验 2：电位器调节舵机转动角度

本实验将通过调用库函数 Servo，采用电位器控制舵机的角度在 0~180° 范围内转动。

（1）电路连接

扫描二维码，查看电路的接线过程。

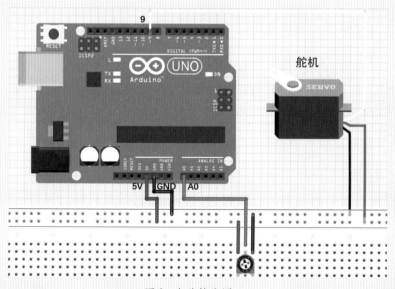

扫一扫

电路连接过程

图 6　电路接线图

（2）代码编写

```
// 定义部分
#include <Servo.h>        // 调用库函数 Servo
Servo myservo;            // 创建一个舵机的对象
#define potpin  A5        // 设定连接可变电阻的模拟引脚
int val;                  // 创建变量，储存从模拟端口读取的值（0 到 1023）
// 初始化部分
void setup()
{
 myservo.attach(9);       // 9 号引脚输出舵机控制信号


}
// 主函数部分
void loop()
{
 val = analogRead(potpin);
 // 读取来自可变电阻的模拟值（0~1023）
 val = map(val, 0, 1023, 0, 179);
 // 利用 "map" 函数缩放该值，得到舵机需要的角度（0~180）
 myservo.write(val);    // 设定舵机的位置
 delay(15);             // 等待舵机旋转到目标角度
}
```

代码的第一行引用库函数 Servo，它是舵机的一个库函数，并创建一个关于舵机的对象 myservo。接着利用代码对用到的引脚和变量进行定义。

初始化部分对给舵机传递信号的引脚进行设置。这里使用 attach() 函数。Myservo.attach(9); 语句表示设置 9 号引脚为舵机传送信号。由于用了 <Servo.h> 之后，9、10 引脚上的 analogWrite 会被禁用，故此处指定为 9 号引脚。

主函数中，首先利用 analogRead() 函数读取电位器引脚的信号值，然后利用 map() 函数对读取的信号值进行映射。这里映射的参数（0,1023）是指电位器引脚的模拟信号值，（0,179）为舵机转动的角度，由于器件本身的物理原因，舵机转动的角度小于180°，因此设置舵机的角度范围是0~179。最后利用函数 write() 设定舵机转动后的位置，延时15ms, 即完成用电位器控制舵机转动角度的实验。

（3）测试

将代码输入 Arduino 的编程环境中进行编译，编译成功后将代码上传至 UNO 主板。旋转电位器，观察舵机角度的变化。扫图二维码，查看实验效果。

实验效果

图7　实验效果图

4. 小结

本节实验介绍了两种控制舵机旋转的方法，第一种方法能够更好地理解舵机旋转的原理，第二种则是实际的项目中常用的方法，更简单易用。由于舵机在有角度要求的控制系统中发挥着重要的作用，因此，掌握如何控制舵机的旋转角度对后续综合项目的制作有很大的帮助。

本节代码

注意：舵机消耗电流较大，特别是其上有负载受力时，需要的电流更大。Arduino 主板只能满足一个舵机所需的电流，因此实际应用时应考虑采用供电模块为舵机供电。扫描二维码，了解如何使用面包板供电模块为舵机供电。

使用面包板供电模块为舵机供电

*第十节　SPI 流水灯

1. 实验目的

尽管 UNO 主板上有 13 个数字引脚，但连接多个器件时，总有不够用的时候。如果项目中需要使用更多的数字引脚，该怎么办呢？ 74HC595 芯片可通过 SPI 接口从 Arduino 板上引出更多的数字引脚。本节实验将通过 74HC595 芯片控制一排 8 个 LED 依次亮灭，形成流水灯的效果。

2. 认识器件

实验器件：74HC595 芯片、UNO 主板、面包板（各一块）、USB 数据线（一条）、LED、跳线（若干）。

74HC595 芯片是一种具有 8 位寄存器和一个存储器组成的芯片。它的工作电压为 2.0V-6.0V，驱动电流 ±7.8mA(并行输出)，共有 16 个引脚，引脚的作用不尽相同。

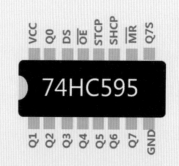

图 1　74HC595 芯片实物图　　　　图 2　74HC595 芯片引脚示意图

Q0~Q7：并行数据的输出引脚。

GND：电源接地引脚。

Q7S: 串行数据输出 (所谓串行数据，是指数据以 8 位为一串的方式输出) 引脚。如果有多个 74HC595 相连，它就用于连接下一级的 74HC595。

$\overline{MR}$: 主复位，低电平时有效。即当 MR 低电平时，74HC595 内的数据全部清空，接高电平则不清空。

SHCP：移位寄存器的时钟输入引脚。当有一个上升沿或者下降沿变化时，SHCP 就把要存入 74HC595 中的数据向前移动一位。

STCP：存储寄存器的时钟输入引脚。当有一个上升沿或者下降沿变化时，STCP 就会将数据锁存到并行输出 Q0-Q7 上。

$\overline{OE}$：输出使能，使能就是激活的意思，它在低电平的情况有效。只有这一位接低电平，74HC595 才能工作。

DS：串行数据的输入引脚，用于 UNO 主板向 74HC595 输入数据。

VCC：接电源引脚。

背景知识

　　何为上升沿和下降沿呢？数字信号是由"0"和"1"组成。其中"1"代表高电平，"0"代表低电平。从高电平转至低电平称为下降沿，而从低电平转至高电平称为上升沿。

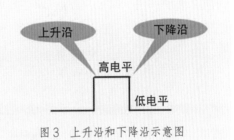

图 3　上升沿和下降沿示意图

3. 实验内容

　　在了解了实验电路图的原理，也准备好了实验所需的器件的基础上，尝试连接实验电路图，制作 LED 流水灯吧。

（1）电路连接

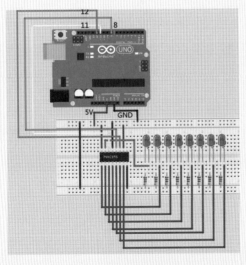

图 4　实验电路接线图

电路连接过程

如图 4 所示，将标有"74HC595"标志的芯片正向放置，横跨面包板中间的隔离槽插在面包板上。其中 Q0~Q7 是输出引脚，与电阻串联后，连接 8 盏 LED 的正极。芯片的 VCC、GND 分别接 UNO 主板的 5V 引脚和 GND 引脚。扫描二维码，查看电路的接线方式。DS、$\overline{OE}$、SHCP、STCP、$\overline{MR}$ 是控制引脚，下面对这些引脚的连接进行简要的说明。

$\overline{OE}$ 具有使能 74HC595 的作用，低电平有效，因此 $\overline{OE}$ 接 GND。

DS 接 11 号数字引脚，控制串行数据的输入。数据从 DS 进入 74HC595 中，每次只能输入一位。SHCP 接 12 号引脚，它是移位寄存器时钟输入引脚。当给 SHCP 一个上升沿，它将输入 74HC595 的数据向前移一位。如图 5 所示，74HC595 在工作时，数据经 DS 端口进入，但每次只能进一位。当 SHCP 处于上升沿时，它将要通过 DS 进入 74HC595 的数据向前移动一位。以 8 位数据 00000001 为例：

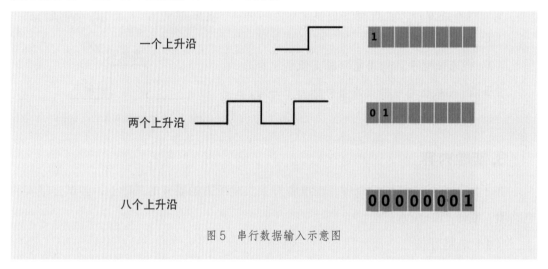

图 5　串行数据输入示意图

STCP 接 8 号引脚，它是存储寄存器时钟输入引脚，当给 STCP 一个上升沿，它可以将已经存储至 74HC595 的 8 位数据直接输出到 Q0~Q7 的并行输出口。如图 6 所示，当 STCP 出现一个上升沿时，这些数据被一次性输出至 Q0~Q7 中。其中"1"代表给引脚高电平，"0"代表低电平。高电平时 LED 点亮，低电平 LED 熄灭。给 Q0~Q7 不同的值，8 盏 LED 循环闪烁，呈现流水灯的效果。

图 6　数据在 Q0~Q7 存储的示意图

$\overline{\text{MR}}$ 必须接 5V 引脚，因为当它接低电平时，74HC595 中的数据会被清空。为保证 74HC595 里的数据都在，$\overline{\text{MR}}$ 接高电平。

（3）代码编写

```
// 定义部分
#define LatchPin 8          //STCP
#define ClockPin 12         //SHCP
#define DataPin 11          //DS
char table[] = {0x01,0x02,0x04,0x08,0x10,0x20,0x40,0x80};    //LED 状态显示的变量
// 初始化部分
void setup ()
{
 pinMode(LatchPin,OUTPUT);
 pinMode(ClockPin,OUTPUT);
 pinMode(DataPin,OUTPUT); // 让三个脚都是输出状态
}
// 主函数部分
void loop()
{
 for(int i=0; i<8; i++)
 {
     digitalWrite(LatchPin,LOW);
 // 将 STCP 口上面加低电平让芯片准备好接收数据
   shiftOut(DataPin,ClockPin,MSBFIRST,table[i]);
 // 将数据以先发送高位数据的方式，发送给 Q0~Q7, 参考图 9
```

```
digitalWrite(LatchPin,HIGH);
// 将 STCP 这个针脚恢复到高电平


  delay(500);                                 // 延时 500ms
  }
 }
```

定义部分对用到的引脚进行定义，定义 char 型数组 table[]，并在 table[] 中存入数据。其中 char 表示"字符型"数据，它是可以容纳单个字节的一种数据类型，就是说它存储的每位数据在计算机的内存中占 8 个二进制位。由于有 8 盏 LED 灯，每盏灯均有"亮"和"灭"两种状态，这两种状态对应二进制中的"1"和"0"，因此这里采用 char 类型。

存入数组的数据"0x01,0x02,0x04,0x08,0x10,0x20,0x40,0x80"与我们平时见到的数据有所不同，此处需作简要的介绍。

🔍 背景知识

这种以 0x 开头的数据是十六进制数。代码中为何采用十六进制数，而不直接采用二进制的数呢？

由于数据在计算机中最终以二进制的形式存在，所以有时使用二进制可以更直观地解决问题。但二进制数太长了，比如，int 类型占用 4 个字节，32 位（一个字节是 8 个二进制位）；100 用 int 类型的二进制数表达，将表示为：

00000000000000000110 0100

这种表示方法使得数据过长，同时 C 和 C++ 并没有直接在代码中写入二进制数的方法，因此采用十六进制数代替，让数字变得短些，便于记忆。

在实验中，一共有八盏 LED，每次只点亮一盏 LED，八盏 LED 的点亮和熄灭的状态利用二进制的方式表示如下图，其中"1"表示灯亮，"0"表示熄灭。

```
0000  0001
0000  0010
0000  0100
0000  1000
0001  0000
0010  0000
0100  0000
1000  0000
```

图 7　8 盏灯的亮灭状态

这些二进制对应的十六进制如下图。

二进制	十六进制
0000 0001	0X01
0000 0010	0X02
0000 0100	0X04
0000 1000	0X08
0001 0000	0X10
0010 0000	0X20
0100 0000	0X40
1000 0000	0X80

图 8　二进制和十六进制的对应图

初始化部分将用到的引脚初始化为输出模式。

在主函数 loop() 中，利用 for() 循环将 table[] 中的数据传输给 Q0~Q7。首先给 latchPin 一个低电平，让 74HC595 芯片准备好接收数据，为后续给 latchPin 提供一个上升沿做准备。利用 shiftOut() 函数，将 table[] 中的数据存储到 74HC595 中。然后再给 latchPin 高电平，将已经存储至 74HC595 的 8 位数据直接输出到 Q0~Q7 的并行输出口，完成一次数据的输出，呈现一种灯亮灭组合。延迟 500ms 后进入循环。

这样利用 for() 循环将 table[] 中的数据依次输出，每次点亮一个不同的 LED，就会出现流水灯的效果。

> **背景知识**
>
> shiftOut(dataPin,clockPin,bitOrder,value)
>
> dataPin 是准备数据的输入引脚。本代码中是 11 号引脚。
>
> clockPin 是时钟引脚。本代码中是 12 号引脚。
>
> bitOrder 是数据移位的方向。有两个可选参数，MSBFIRST 先发送高位数据，LSBFIRST 先发送低位数据。
>
> value 是移位数据值，即要输出移位寄存器里的值。本代码中的 value 是指 table[] 数组的元素。

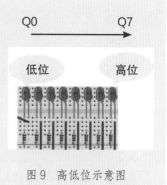

图 9　高低位示意图

（4）测试

将代码输入 Arduino 的编程环境中进行编译，成功后将代码上传至 UNO 主板。可以观察到 LED 灯从左至右依次循环亮起。扫描二维码，查看实验效果。

图 10　实验效果

实验效果

4. 小结

实验中使用 74HC595 芯片点亮 8 盏 LED，仅使用了 UNO 主板的 3 个数字引脚。同时，利用它的 Q7S，可以级联接入 74HC595，极大地提高了 UNO 主板数字引脚的使用效率。在综合实验中，若需要使用较多的数字引脚，可以考虑使用 74HC595 芯片。

本节代码

本章小结

  在完成本章九个基础实验的过程中，想必你已经熟悉了 Arduino 的开发流程，了解了 Arduino 开发过程中常用的器件，也知道了如何尝试借助 Arduino 和传感器将自己的想法转化为现实。但这只是 Arduino 开发过程最简单和基础的部分，后续的章节中，我们将体验以项目形式制作 Arduino 作品。

  在本章的每个基础实验中，都引入新的器件，到目前为止，累计已经接触了近二十个器件。你可以根据自己的想法对其中的器件进行有效的组合，尝试制作自己的 Arduino 作品，或者对基础部分现有的实验进行改造，生成属于自己的 Arduino 作品。

  尝试设计并制作一个人流计数器，安装在家门口，统计一天之中从家门口路过的人数，并将其显示出来。可能用到的主要器件有：超声波模块、四位数码管或液晶 LCD。

  你可以将制作完成的作品，通过扫描二维码，上传到本书的网站，与更多人分享。

在线交流

第三章 Arduino 微项目

　　学习了第二章的基础实验，基本了解了 Arduino 的输入输出器件和编程方式。在本章中，将尝试设计制作几个有实际用途的微型项目。这些项目尽管用到的器件较少和代码较简单，但比较完整地呈现了将想法变为实际作品的过程。

第一节　震动警报器

1. 设想

　　日常生活中常常看到这样一幕：在未解锁的状态下碰触到电动车，电动车会发出"嘀嘀"的警报声，这是车上的警报装置被触发，发出声音，这样能够有效预防电动车被盗。本节实验将尝试使用震动开关和有源蜂鸣器制作一个震动警报器。

2. 初步设计

　　当有震动发生时，震动开关感受到震动，引脚的电平值发生改变，输入 UNO 主板的电平值变化促使 UNO 主板改变有源蜂鸣器引脚的电平值，有源蜂鸣器发出警报声。

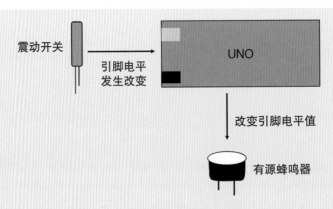

图 1　初步设计图

🔍 **背景知识**

震动开关的实物图如图2所示。它有两个引脚，其中长引脚是正极，短引脚是负极。如图3所示，正极引脚的内部呈弹簧一样的螺旋状，而负极引脚在震动开关内部环绕在正极引脚四周。当环境中发生震动时，引起正极引脚摆动，与负极引脚碰触形成回路。

图2 震动开关实物图

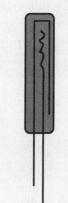

图3 震动开关内部结构图

有源蜂鸣器中的"源"指的是振荡源，即有源蜂鸣器的内部有振荡电路，只要给有源蜂鸣器通直流电，有源蜂鸣器就可以发出响声。有源蜂鸣器有两个引脚，标有"＋"符号的是正极引脚，另一个是负极引脚。它的额定电压范围在 4~7V，额定电流小于等于 30mA。

图4 有源蜂鸣器实物图

3. 实验验证

震动警报器由两个主要的器件组成：震动开关和有源蜂鸣器。实验开始前，需要对有源蜂鸣器进行检测，确保有源蜂鸣器能够正常使用。

实验1：按键控制有源蜂鸣器

正常情况下，只要给有源蜂鸣器通电，有源蜂鸣器就能发出鸣叫声。检测实验中，利用按键控制电路，按键按下，电路接通，给有源蜂鸣器正极引脚高电平，使有源蜂鸣器发出鸣叫声。

（1）电路连接

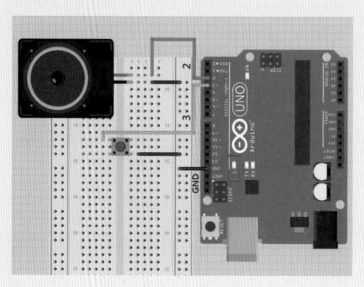

图 5　电路接线图

　　根据图示，将有源蜂鸣器和 UNO 主板相连，并在电路中连接一个按键，完成电路的连接。扫描二维码，查看电路连接过程。

（2）代码编写

```
// 定义部分
#define LED 13
#define KEY 3
#define Buzzer 2
int KEY_NUM = 0;                    // 按键键值变量
// 初始化部分
void setup()
{
    pinMode(LED,OUTPUT);           //LED 为 IO 输出
    pinMode(KEY,INPUT_PULLUP);     // 按键为 IO 带上拉输入
    pinMode(Buzzer,OUTPUT);        // 蜂鸣器为 IO 输出
```

```
        digitalWrite(Buzzer,LOW);            // 蜂鸣器初始为不鸣叫
}
// 主函数部分
void loop()
{
        ScanKey();                           // 按键扫描
        if(KEY_NUM == 1)                     // 当有按键按下时
        {
            digitalWrite(LED,!digitalRead(LED));    //LED 状态翻转
        }
}
// 自定义函数 ScanKey()
void ScanKey()            // 用于检测按键是否按下，状态存于 KEY_NUM
{
    KEY_NUM = 0;
    if(digitalRead(KEY) == LOW)
    {
     delay(20);                              // 延时去抖动
     if(digitalRead(KEY) == LOW)
     {
        digitalWrite(Buzzer,HIGH);           // 蜂鸣器响
        delay(20);                           // 延时 20ms

        digitalWrite(Buzzer,LOW);
        KEY_NUM = 1;                         // 设置键值
        while(digitalRead(KEY) == LOW);      // 松手检测
     }
    }
}
```

定义部分对程序中用到的引脚和变量进行定义。其中在定义部分定义了 13 号引脚。虽然 0~13 号引脚均为数字引脚，但 13 号引脚还控制着 UNO 主板上的一个 LED，称为板载 LED。测试时，它协助判断按键是否完成按下并弹起的操作。

初始化部分对定义部分的引脚进行初始化。其中初始化 KEY 引脚的模式为带上拉电阻的模式。主函数部分在执行时，首先执行 ScanKey() 函数。ScanKey() 函数对按键的状态进行扫描（ScanKey() 函数的相关内容参考"按键 LED 组合灯光"）。当执行完 ScanKey() 函数中的两个 if() 语句后，若按键是按下的状态，先给 Buzzer 引脚一个高电平，使有源蜂鸣器发出"嘀嘀"鸣叫声，延时 0.02s 后，给 Buzzer 引脚一个低电平，有源蜂鸣器停止出声。

接着执行 KEY_NUM=1; 赋值语句，记录按键此时的状态是处于按下的状态。利用 while(digitalRead(KEY) == LOW); 语句进行松手检测（松手检测相关内容可以参考"按键 LED 组合灯光"的测试部分）。当手松开按键，代码跳出循环语句，转到 loop() 函数中去执行 if(KEY_NUM == 1) 判断语句，判断按键是否被按下并弹起过。如果按键按下并弹起，则执行语句 digitalWrite(LED,!digitalRead(LED)); 使板载 LED 的状态置反，若之前 LED 是熄灭状态，则此时为点亮状态。

（3）测试

将代码输入 Arduino 的编程环境中进行编译，编译成功后将代码上传至 UNO 主板。按下按键可以听到有源蜂鸣器发出"嘀嘀"的鸣叫声，松开按键时，板载 LED 的状态发生变化。扫描二维码，查看实验效果。

实验效果

图 6　实验效果图

4. 详细设计

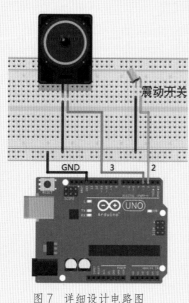

扫一扫

电路连接过程

图 7 详细设计电路图

如图 7 所示,将器件接入电路中。震动开关的正极与 UNO 主板的 2 号数字引脚相连,用于传递信号。有源蜂鸣器的正极接 UNO 主板的 3 号数字引脚,负极接 UNO 的 GND 引脚。扫描二维码,查看电路连接过程。当震动开关遇到震动时,电路闭合,发生中断。UNO 主板发送信号至 3 号引脚,驱动有源蜂鸣器发出鸣叫声。

5. 原型开发

(1) 代码编写

```
// 定义部分
#define KEY 2
#define Buzzer 3
int flag = 0;                        // 记录是否有中断产生
// 初始化部分
void setup()
{
```

```
    pinMode(KEY,INPUT_PULLUP);        // 按键设置为输入带上拉
    pinMode(Buzzer,OUTPUT);
// 在中断函数 attachInterrupt() 中设置 ARDUINO UNO 中断 0（数字 IO 2），
// 下降沿触发
    attachInterrupt(0,BuzzerDi,FALLING);,  // 中断服务函数 BuzzerDi
}
// 主函数部分
void loop()
{
  if(flag == 1)              // 如果 flag 被置 1，说明有中断产生，执行该段程序
  {
    flag = 0;                          //flag 清零
    digitalWrite(Buzzer,HIGH);         // 蜂鸣器响
    delay(1000);                       // 延时 1000ms
  }
  else
  {
    digitalWrite(Buzzer,LOW);          // 没有中断，蜂鸣器不响
  }
}
// 自定义函数 BuzzerDi()
void BuzzerDi()                        // 中断服务函数 BuzzerDi
{
  flag = 1;                            // 置位标志位
}
```

定义部分对用到的引脚进行定义，并定义变量 flag，用于记录程序是否有中断。

 **背景知识**

什么是中断？中断可以理解为程序暂停当前正在执行的语句，转而执行其他函数，并在其他函数执行完毕后又返回到之前暂停的语句继续执行的一个过程。相比于用程序不断地检测引脚电压值，采用中断不仅能节省计算资源，而且不会漏报事件。

初始化部分对用到的引脚进行初始化。之所以将 KEY 引脚设定为带上拉电阻的输入引脚模式，是因为震动开关震动闭合时，震动开关和 UNO 主板之间会构成回路，上拉电阻起到保护电路的作用。此外，程序的初始化部分还对 attachInterrupt() 函数触发的状态进行设定。

 背景知识

attachInterrupt(interrupt,function,mode)

函数有三个参数：interrupt、function 和 mode，各参数含义如下：

interrupt: 中断号，一般 Arduino 有中断 0（数字 2 号口）和中断 1（数字 3 号口）。

function: 中断服务函数，即发生中断，程序转而执行的那个函数。

mode: 中断触发的模式，mode 有四种状态，分别是：

① LOW：中断的端口号为低电平时触发。

② CHANGE: 中断端口号由高电平转向低电平，或者低电平转向高电平时触发。

③ RISING: 中断端口号由低电平转向高电平时触发。

④ FALLING: 中断端口号由高电平转向低电平时触发。

在本程序中，attachInterrupt(0,BuzzerDi,FALLING)；语句的意思是，滚阻开关的正极接 UNO 主板的 2 号引脚，所以中断号为 0；中断的服务函数为 BuzzerDi()；触发状态为 FALLING。即当 2 号端口的电平状态由高电平转向低电平时触发 BuzzerDi() 函数。

主函数执行时，首先利用 if 语句判断 flag 的值。当 flag 的初始值为 0, 没有发生中断，

107

执行 else 语句中的 digitalWrite(Buzzer,LOW); 有源蜂鸣器不发出鸣叫声，flag 的值不变。一旦中断端口(UNO 主板 2 号引脚)的状态由高电平转向低电平状态,将会触发 BuzzerDi 函数。执行 BuzzerDi() 函数后,flag 的值变为 1。当 flag 的值为 1 时,返回执行 loop() 函数中的 if 语句,此时的 flag 满足 if 语句后的条件,将 flag 清零,执行 digitalWrite(Buzzer, HIGH) 函数,Buzzer 引脚写入高电平,并延迟 1 秒。这样使得有源蜂鸣器发生警报,鸣叫声持续 1 秒。

（2）测试

将代码输入 Arduino 的编程环境中进行编译,编译成功后将代码上传至 UNO 主板。试着拍一下桌面,倾听有源蜂鸣器是否发出鸣叫声。扫描二维码,查看实验效果。

实验效果

图 8　实验效果

到此震动警报器制作完成,可以给予你的作品提供多种"震动源",检测有源蜂鸣器能否发出鸣叫声。震动警报器除了用于车辆的防盗警报,还可以用于哪些方面呢? 尝试将制作完成的作品应用于实际生活吧。

本节代码

第二节　低头警报器

1. 设想

不少小朋友看书、写字眼睛离课桌过近，长此以往容易造成近视。如果有这样一个仪器，放在小朋友的桌子上，当小朋友眼睛离桌子过近时，发出警报声，让小朋友抬起头，这样的仪器应该能帮助小朋友有效地预防近视。本节将尝试制作一个低头警报器，当小朋友的头部离书本过近时，会发出"嘀嘀"的警报声。

2. 初步设计

初步设计的方案如图 1 所示，UNO 主板驱动超声波模块发出超声波，超声波信号碰到障碍物后返回，并向 UNO 主板输出一个高电平信号。UNO 主板根据高电平信号持续时间计算出障碍物的距离，并决定是否改变有源蜂鸣器引脚的电平值，让有源蜂鸣器发出警报声。

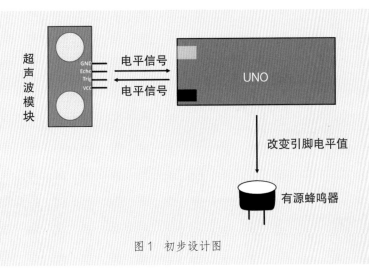

图 1　初步设计图

超声波模块是一种能够测量前方障碍物距离的模块，它每隔一段时间发送一次方波信号，信号碰到障碍物后返回，返回的信号会通过 Echo 引脚输出一个高电平，高电平的时间即为超声波发射到返回的时间，经过计算获得障碍物与超声波模块的距离。本节实验采用的超声波模块工作电压为 5V，探测距离在 2~450cm，精度可达 0.2cm。

图 2　超声波模块实物图

3. 实验验证

低头警报器由两种主要的器件构成：有源蜂鸣器和超声波模块。有源蜂鸣器在《震动警报器》中已经有所了解。本节实验重点要了解超声波模块测量距离的原理。

实验 1：按键控制有源蜂鸣器

参考"震动警报器"中实验验证"实验 1：按键控制有源蜂鸣器"。

实验 2：超声波模块测量距离

UNO 主板可以驱动超声波每隔一段时间发出超声波信号，超声波信号遇到障碍物后会返回，根据超声波发送、返回时间差和声波的速度可以计算障碍物与超声波模块的距离。

（1）电路连接

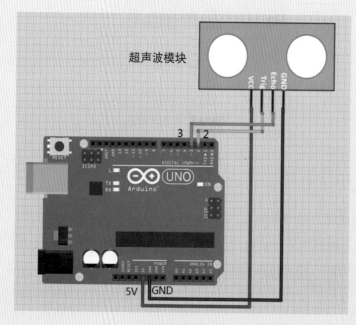

扫一扫

电路连接过程

图 3　电路接线图

如图 3 所示，将超声波模块与 UNO 主板相连。超声波模块有四个引脚，从左到右的引脚分别是 VCC、Trig、Echo、GND。其中 VCC 和 GND 分别与 UNO 主板的 5V 引脚和 GND 引脚相连；Trig 和 Echo 分别与 UNO 主板的 2 号和 3 号数字引脚相连，用于超声波模块和 UNO 主板之间信号传递。扫描二维码，查看电路连接过程。工作时，UNO 主板通过 Trig 引脚给超声波模块发送至少 10us 的高电平信号，驱动超声波模块。超声波模块自动发送超声波，超声波碰到障碍物后返回，同时超声波模块会自动检测是否有超声波返回。若有超声波返回，超声波模块的 Echo 引脚会输出一个高电平给 UNO 主板，UNO 主板将往返时间差折算成距离，这个距离的一半便是障碍物与超声波模块的距离。

（2）代码编写

```
// 定义部分
#define TrigPin 2
#define EchoPin 3
float Value_cm;// 定义双精度变量用于存储计算的距离值
// 初始化部分
void setup()
{
        Serial.begin(9600);
        pinMode(TrigPin, OUTPUT);
        pinMode(EchoPin, INPUT);
}
// 主函数部分
void loop()
{
        digitalWrite(TrigPin, LOW); // 低电平设置 TrigPin 的初始状态
        delayMicroseconds(2);
        digitalWrite(TrigPin, HIGH);
// 给 TrigPin 引脚高电平用于驱动超声波模块，使它发送方波信号
```

```
        delayMicroseconds(10);

        digitalWrite(TrigPin, LOW);   // 给 TrigPin 低电平信号，结束驱动


        Value_cm = float( pulseIn(EchoPin, HIGH) * 17 )/1000;
    // 将回波时间换算成 cm
        Serial.print(Value_cm);

        Serial.println("cm");

        delay(1000);

    }
```

定义部分对用到的引脚进行定义。同时，定义了一个 float 类型的变量 Value_cm，用于存储计算得到的距离值。

🔍 **背景知识**

　　与之前学习的 int 和 char 类似，Float 也是变量的一种类型，称为"浮点型"，它只能存储带有小数点的小数。代码中定义的 float 类型变量 Value_cm，用于存储含小数的变量。

初始化部分对引脚模式进行定义，并对串口进行初始化。由于 TrigPin 引脚用于从 UNO 主板输出信号去触发超声波模块，因此将引脚模式设置为输出模式。而 EchoPin 引脚用于接收从超声波模块返回的信号，因此将其设置为输入模式。

主函数 loop() 中，首先给 2 微秒的低电平信号，用于设置 TrigPin 引脚初始状态。接着给 TrigPin 引脚 10 微秒的高电平，用于触发超声波模块去发送方波信号，然后再给 TrigPin 引脚低电平结束触发；利用 pulseIn() 函数读取时间。

背景知识

　　pulseIn(pin,value) 函数有两个参数。Pin 表示 pulseIn() 函数检测引脚，value 代表检测引脚 pin 在何种状态开始计时。代码中的 pulseIn(EchoPin,HIGH); 语句表示 pulseIn() 函数去检测 EchoPin 引脚的状态。pulseIn() 函数读取的时间单位为微秒 (us)。

背景知识

　　计算障碍物与超声波模块的距离公式为：

　　距离 (cm)= 高电平持续的时间 (us)x340m/s(声速)/2(因为根据时间差计算出的距离是实际距离的 2 倍)

　　将上式中的距离单位统一换算成 cm，时间单位换算成 us，可以得到下式：

　　距离 (cm)= 高电平持续的时间（us） * 17000 cm / 1000000 us

　　即：距离 (cm)= 高电平持续的时间 * 17 / 1000 （cm）

　　需要说明的是，代码中"/"表示除法运算，如果除号左右两边都是整数类型，那么得到的结果也是整数，如 3/2=1。在实验中我们需要比整数精度更高的数字，因此，代码中利用强制类型转换将被除数部分转换成 float 类型，这样最后得到的距离值就是带有小数点的数字。

背景知识

　　强制类型转换：

　　数据类型（表达式）

　　例如：表达式 5/2 的结果是 2，若对被除数进行强制类型转化之后，float(5)/2 的结果是 2.5，这样便可得到小数。

　　对于本代码，要将"距离 (cm)= 高电平持续的时间 * 17 / 1000 (cm)"式子中的被除数的类型强制转化为浮点型，可以写为"距离 (cm)=float(高电平持续的时间 * 17)/ 1000 (cm)"。

　　程序最后利用 Serial.print() 和 Serial.println() 函数将距离的数值和单位 (cm) 在监视窗口中显示。

（3）测试

将代码输入 Arduino 的编程环境中进行编译，编译成功后将代码上传至 UNO 主板。打开监视窗口，将手放在超声波模块的正上方，改变手与超声波模块的距离，可以看到串口监视器中的距离值也在不断改变。测试过程可以准备一把直尺，测量手与超声波模块的距离，查看直尺的测量值和串口监视器上的输出值是否相同。扫描二维码，查看实验效果。

实验效果

图 4　实验效果

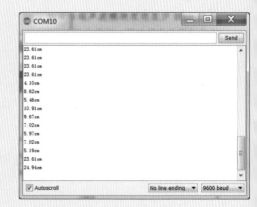

图 5　串口输出的距离值

4. 详细设计

对有源蜂鸣器和超声波模块进行实验验证后，将它们组合制作低头警报器。

如图 6 所示，将超声波模块和有源蜂鸣器进行连接。有源蜂鸣器的正极接 5 号引脚，另一个引脚接在 UNO 主板的 GND 引脚。超声波模块的四个引脚 VCC、Trig、Echo 和 GND 分别接在 UNO 主板的 5V、2 号、3 号和 GND 引脚。工作时，当障碍物靠近超声波模块，有源蜂鸣器发出"嘀嘀"的警报声；当障碍物远离超声波模块，有源蜂鸣器停止发出"嘀嘀"声。

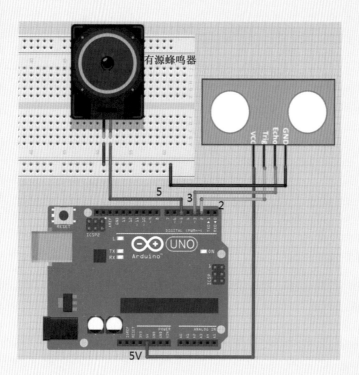

扫一扫

电路连接过程

图 6　电路接线图

5. 原型开发

（1）代码编写

当电路工作时，UNO 主板给超声波模块的 Trig 引脚一个触发信号，驱动超声波模块发出方波信号，当障碍物靠近超声波模块时，信号会返回至超声波模块，通过 Echo 引脚进入 UNO 主板。信号在 UNO 主板内进行处理，获得障碍物距离超声波模块距离。当距离值小于设定值时，UNO 主板触发有源蜂鸣器，发出"嘀嘀"的警报声。当距离值大于设定值时，UNO 主板不触发有源蜂鸣器，有源蜂鸣器不发出声音。

```
// 定义部分
#define TrigPin 2              // 定义触发超声波模块的引脚 TrigPin
#define EchoPin 3              // 定义接收返回信号的引脚 EchoPin
#define Buzzer 5               // 定义驱动有源蜂鸣器的引脚 Buzzer
float value_cm;                // 定义浮点型变量存储计算的距离值
// 初始化部分
void setup()
{
  Serial.begin(9600);
  pinMode(TrigPin,OUTPUT);
  pinMode(EchoPin,INPUT);
  pinMode(Buzzer,OUTPUT);
  digitalWrite(Buzzer,LOW);   // 设定有源蜂鸣器初始状态是不响的状态
}
// 主函数部分
void loop()
{
  distance();                  // 调用自定义函数 distance()，测得障碍物距离超声波
// 模块的距离
  stu();                       // 调用自定义函数 stu()，判断障碍物距离超声波模块
// 的值是否小于设定值
}
// 自定义函数 distance()
void distance()
{
  digitalWrite(TrigPin,LOW);
  delayMicroseconds(2);
  digitalWrite(TrigPin,HIGH);
```

```
delayMicroseconds(10);
digitalWrite(TrigPin,LOW);
value_cm =float(pulseIn(EchoPin,HIGH)*17)/1000;
Serial.print(value_cm);
Serial.println("cm");
delay(100);
}
// 自定义函数 stu()
void stu()
{
if (value_cm<=35)              //value_cm 小于设定值 35cm 时
{
digitalWrite(Buzzer,HIGH);  // 给有源蜂鸣器的引脚高电平，有源蜂鸣器发声
delay(30);                      // 鸣叫声延迟 30 毫秒
digitalWrite(Buzzer,LOW);   // 给有源蜂鸣器的引脚低电平，有源蜂鸣器不发声
}
else                          // 当 value_cm 大于设定的值 35 时
{
digitalWrite(Buzzer,LOW);    // 给有源蜂鸣器的引脚低电平，有源蜂鸣器不发声
}
}
```

定义部分和初始化部对程序中用到的引脚进行定义和初始化，并利用 Serial.begin() 函数初始化串口。

主函数 loop() 主要执行两个自定义函数 distance() 和 stu()。代码执行时，首先执行 distance() 函数。它利用超声波测距的方式测得障碍物与超声波模块间的距离（代码的具体含义请参考本节实验中测试超声波模块的部分）。接着执行自定义函数 stu(),stu() 用于判断障碍物与超声波模块的距离是否小于设定的 35cm,若小于等于 35cm，有源蜂鸣器发出"嘀

嘀"声；若大于35cm，有源蜂鸣器则不发出"嘀嘀"声。

在 stu() 函数中，首先利用 if...else... 语句判断 distance() 中测出的距离与程序设定的距离值之间的大小关系。如果 distance() 函数中测得的 value_cm 值小于35cm 时，执行 if() 后的语句块，即先给 Buzzer 30ms 的高电平，再给它低电平，使蜂鸣器发出鸣叫声；当测得的值大于35cm 时，执行 else 后的语句块给蜂鸣器引脚 Buzzer 低电平，蜂鸣器不发声。

（2）测试

将代码输入 Arduino 的编程环境中进行编译，编译成功后将代码上传至 UNO 主板。打开监视窗口，用手模拟低头抬头的动作。观察监视窗口的距离数值变化及蜂鸣器的发声情况。扫描二维码，查看实验效果。

实验效果

图7　实验效果

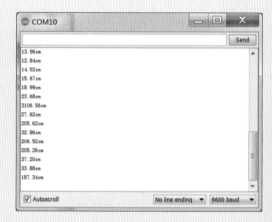

图8　串口输出的距离值

将低头警报器放在书桌上，检验作品的效果。当眼睛离课桌的距离小于等于35cm 时，蜂鸣器发出警报声，当眼睛离课桌的距离大于35cm，有源蜂鸣器不发出警报声。

本节代码

第三节　光控音乐盒

1. 设想

音乐盒悠扬的音乐，往往能勾起人们对美好时光的回忆和向往。本节将尝试制作一个光控音乐盒。当有光线照到音乐盒时，音乐盒会播放音乐；遮挡住光线，音乐盒停止播放音乐。

2. 初步设计

光控音乐盒的初步结构设计如图1所示。环境中的光线改变，光敏电阻输出的模拟信号值也随之改变，UNO 主板接收到变化的模拟信号后作出"判断"，通过改变无源蜂鸣器引脚的电平值，让无源蜂鸣器播放相应音符的频率。

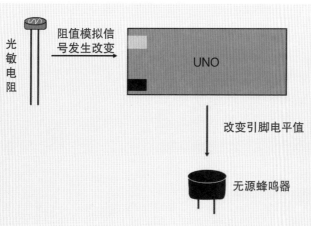

图1　初步设计图

无源蜂鸣器是指不含振荡源的蜂鸣器。与有源蜂鸣器不同的是无源蜂鸣器接入直流电，并不会发出鸣叫声。它的工作电压是 1.5~15V，输出的音频信号频率在 1.5~2.5kHz。无源蜂鸣器必须利用方波进行驱动，2~5kHz 的频率最为合适。频率越高，无源蜂鸣器发出的声音越尖锐。在连接无源蜂鸣器时，无源蜂鸣器上标有"+"的端口接 UNO 主板的正极。

图2　无源蜂鸣器实物图

光敏电阻的阻值随着光线变化会发生改变。光线越强，光敏电阻的阻值越小，传递给 UNO 主板的信号值越小；反之，光线越弱，光敏电阻的阻值越大，传递给 UNO 主板的信号值越大。光敏电阻工作的最大电压为 150V，最大功耗为 100mW。

图 3　光敏电阻实物图

3. 实验验证

实验分别对制作光控音乐盒的两个主要器件——光敏电阻和无源蜂鸣器进行验证，确保两个器件能够正常使用。

实验 1：光敏电阻控制 LED 亮灭

将 LED 与光敏电阻串联，当光线强度改变，光敏电阻的阻值会发生改变，导致与光敏电阻串联的 LED 的亮度也发生改变。当光敏电阻的阻值大于程序设定值时点亮 LED，小于程序设定值时，熄灭 LED。

(1) 电路连接

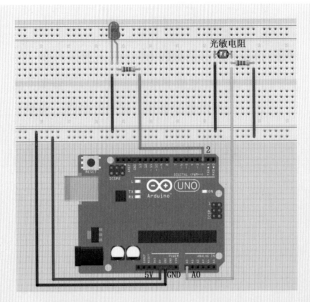

图 4　实验接线图

电路连接过程

如图 4 所示，将光敏电阻与电阻串联，它们重合的引脚与 UNO 主板的 A0 引脚相连。LED 与电阻串联后，正极接 UNO 主板的 2 号引脚，负极接面包板下窄条的负极。扫描二维码，查看电路连接过程。工作时，当光敏电阻的输出值大于程序设定值时，LED 灯点亮，否则，LED 灯熄灭。

（2）代码编写

在程序中，利用 analogRead() 函数读取光敏电阻的阻值信号，然后利用串口监视器查看光敏电阻的阻值信号输出，这样就可以精确地知道光敏电阻值的改变。

```
// 定义部分
#define GM A0
#define LED 2
int val;        // 定义 int 型变量用于存储读取的 GM 信号值
// 初始化部分
void setup()
{
 Serial.begin(9600);
 pinMode(GM,INPUT);
}
// 主函数部分
void loop()
{
 val=analogRead(GM);     // 利用函数 analogRead() 读取 GM 引脚的信号值，即
// 光敏电阻的阻值
if(val>800)
{
digitalWrite(LED,HIGH);
}
else
{
digitalWrite(LED,LOW);

}
 Serial.println(val);
delay(1000);
 }
```

定义部分定义了用到的模拟引脚 A0,2 号引脚和 int 型变量 val。初始化部分对引脚 GM 和串口函数进行初始化。

主函数部分首先利用 analogRead() 函数读取 GM 引脚的信号值，接着利用 if…else… 函数对信号值作出判断，决定是否点亮 LED，最后利用 Serial.println() 函数将读取的数值在监视窗口输出。

（3）测试

将代码输入 Arduino 的编程环境中进行编译，编译成功后将代码上传至 UNO 主板，打开监视窗口。利用遮挡物遮住光敏电阻，保持一段时间后移开遮挡物，观察 LED 点亮和熄灭状态及监视窗口中数值的变化。扫描二维码，查看实验效果。

图 5　实验效果 1

图 6　实验效果 2

图 7　实验效果 3

实验效果

实验 2：电位器控制无源蜂鸣器

无源蜂鸣器需要方波信号驱动才能发出声音，改变方波的频率能改变无源蜂鸣器发出的声音。实验通过电位器调节方波的频率，改变无源蜂鸣器发出的声音频率，帮助了解无源蜂鸣器发声的原理。

（1）电路连接

如图 8 所示，将电位器的 5V 引脚与 UNO 主板的 5V 引脚相连，电位器的 GND 引脚接面包板的下窄条，再通过导线与 UNO 主板的 GND 引脚相连。电位器中间引脚接在 UNO 主板的 A5 模拟引脚，用于 UNO 主板读取电位器的阻值信号。无源蜂鸣器标有"＋"的引脚接在 UNO 主板的 2 号引脚，另一引脚通过面包板的下窄条与 UNO 主板的 GND 引脚相连，2 号引脚用于将 UNO 主板的驱动信号传递给无源蜂鸣器。扫描二维码，查看电路的连接过程。

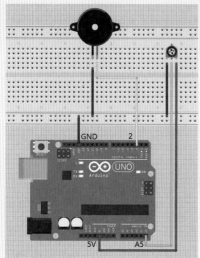

无源蜂鸣器

GND 2

5V A5

扫一扫

电路连接过程

图 8 实验接线图

　　工作时，旋转电位器使之阻值发生变化，驱动无源蜂鸣器的信号频率也发生变化，无源蜂鸣器发出的声音就会改变，频率越高，发出的声音越尖锐；频率越低，发出的声音越低沉。

（2）代码编写

```
// 定义部分
#define Pot A5
#define Buzzer 2
int PotBuffer = 0;        // 定义变量 PotBuffer 用于存储电位器的阻值
// 初始化部分
void setup()
{
 Serial.begin(9600);
 pinMode(Buzzer,OUTPUT);
 pinMode(Pot,INPUT);
}
// 主函数部分
void loop()
```

```
{
  PotBuffer = analogRead(Pot);
  Serial.println(PotBuffer);
  for(int i = 0 ; i < 100 ; i++)
  {
    digitalWrite(Buzzer,HIGH);
    delayMicroseconds(PotBuffer);  // 延迟 PotBuffer us 的时长
    digitalWrite(Buzzer,LOW);
    delayMicroseconds(100);        // 延迟 100us 的时长
  }
  delay(1000);
}
```

定义部分定义了程序需要使用的引脚和变量。初始化部分对引脚和串口函数进行初始化。

主函数首先利用 analogRead() 函数读取 Pot 引脚的值给变量 PotBuffer, 再利用串口通信的方式在监视窗口输出 Pot 引脚的电阻信号值。利用 for 循环输出一定频率的方波，驱动无源蜂鸣器发出声音。

根据实验代码，从 i=0 到 i=99, 循环语句块部分被执行了 100 次。循环体执行的 100 次，即给 Buzzer 引脚 100 次高电平和 100 次低电平，高低电平构成的方波信号如图 9 所示。

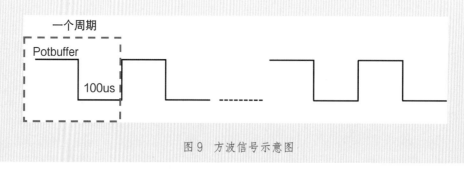

图 9 方波信号示意图

一个高电平和一个低电平构成方波信号的一个周期，程序中 for 循环语句循环了 100 次。因为 delayMicroseconds() 是延迟微秒函数，因此，一个周期中高电平的时长为

PotBuffer us, 低电平时长为 100us, 所以, 每个周期的时长为 (PotBuffer+100)us。旋转电位器改变 PotBuffer 的值, 输出方波的频率也随之改变。由于无源蜂鸣器发出的声音是由频率决定的, 频率改变, 无源蜂鸣器的声音也会发生改变。PotBuffer 的值越大, 周期越大, 频率越小, 无源蜂鸣器的声音越低沉。

（3）测试

将代码输入 Arduino 的编程环境中进行编译, 编译成功后将代码上传至 UNO 主板, 打开监视窗口。旋转电位器, 倾听无源蜂鸣器发出的声音, 观察监视窗口中电位器阻值的变化。扫描二维码, 查看实验效果。

实验效果

图 10　实验效果

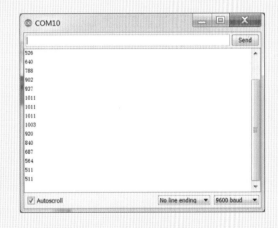

图 11　串口监视器输出值

4. 详细设计

用光敏电阻作光控音乐盒"开关", 当光敏电阻输出的模拟信号值小于 200 时, 播放圣诞歌, 当光敏电阻输出的模拟信号值大于 200 时, 停止播放圣诞歌。

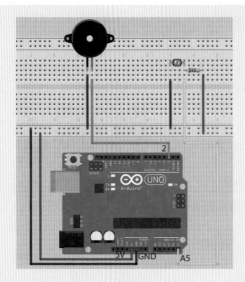

电路连接过程

图 12　详细设计电路图

　　如图 12 所示，无源蜂鸣器上标有正极符号的一端接入 UNO 主板的 2 号数字引脚，另一端接 UNO 主板的 GND 引脚。光敏电阻和电阻串联后两端分别接 UNO 主板的 5V 引脚和 GND 引脚，光敏电阻和电阻引脚接合部分接 UNO 主板的 A5 模拟引脚，用于将光敏电阻的阻值信号传入 UNO 主板。扫描二维码，查看电路连接过程。

　　当环境的光线变强，光敏电阻的值变小，光敏电阻的阻值信号通过 A5 引脚进入 UNO 主板。当阻值小于程序设定的值时，UNO 主板内的程序通过 2 号引脚驱动无源蜂鸣器播放音乐。当光线变弱，光敏电阻的阻值变到大于程序设定的值时，UNO 主板通过 2 号引脚驱动无源蜂鸣器停止播放音乐。

5. 原型开发

（1）代码编写

　　代码中将读取光敏电阻输出的模拟信号值，并对信号值作出判断。当模拟信号值小于 200，无源蜂鸣器开始播放音乐。

```
// 定义部分
// 列出全部 D 调的频率
#define D0 -1
……// 省略
```

```
#define H7 1971
// 列出所有节拍
#define WHOLE 1
#define HALF 0.5
#define QUARTER 0.25
#define EIGHTH 0.25
#define SIXTEENTH 0.625
// 根据简谱列出各频率
int tune[]=
{
M5,
M5,M3,M2,M1,M5,M5,M5,
……// 省略
M3,M2,M2,M1,M2,M5
};
// 根据简谱列出各节拍
float durt[]=
{
0.5,
0.5,0.5,0.5,0.5,1+0.5,0.25,0.25,
……// 省略
0.5,0.5,0.5,0.5,0.5,1+0.5
};
#define GM A5
int Buzzer=2;
int num;
int length;
// 初始化部分
```

```
void setup()
{
    Serial.begin(9600);
  pinMode(Buzzer,OUTPUT);
  pinMode(GM,INPUT);
  length=sizeof(tune)/sizeof(tune[0]);     // 计算出歌曲中有多少个音符
}
// 主函数部分
void loop()
{
  num=analogRead(GM);
  Serial.print("Merry Christmas!");     // 在监视窗口输出 Merry Christmas!
  Serial.println(num);
// 当模拟信号值小于 200 时，执行 for() 循环，播放圣诞歌曲
if(num<200)
{ for(int x=0;x<length;x++)
  { num=analogRead(GM);
   if(num<200)                          // 播放音乐时，判断模拟信号值是否小于 200
   {
        tone(Buzzer,tune[x]);     // 如果小于 200，播放圣诞歌曲
         delay(500*durt[x]);       // 延迟的时间是音符的节拍
     }
   else                                 // 如果不小于 200，停止播放圣诞歌曲
   {
     noTone(Buzzer);
   }
  }
 }
else
 {noTone(Buzzer);          // 模拟信号值大于或等于 200，不播放圣诞歌曲
 }
 delay(500);
}
```

选取《铃儿响叮当》这首圣诞歌曲。定义部分对 D 调频率和节拍进行定义，并对引脚和变量进行定义。同时定义了一个 int 类型的数组 tune[]，用于存储歌曲的频率；一个 float 类型的数组用于存储歌曲的节拍。

代码中定义了两个数组，根据存储的数据类型，一个为 int 型，一个为 float 型。在定义时，采用直接为数组元素赋值的方式，省略了定义时数组的下标。其中数组 tune 中存储的是歌曲中每一个音符的频率，数组 durt 中存储的是每一个音符的节拍，节拍是指音符频率持续的时间。

初始化部分对串口和用到的引脚进行定义，并计算出 tune[] 数组中每个音符的长度。

 背景知识

　　sizeof() 函数，顾名思义，sizeof() 长度符简单地说是确定一个对象类型所占的内存字节数。

　　例如，一个 int 型的变量 b，那么 sizeof(b) 的值就是为 2，因为在 C 语言中，int 占两个字节。代码中的 sizeof(tune) 代表求出 tune 数组占的字节数，sizeof(tune[0]) 代表 tune 数组中一个元素占的字节数。这里需要注意的是字节数的多少只和语言类型、数据类型相关。这样便能计算出 tune 数组中音符的个数。

主函数中，首先利用 analogRead() 函数读取 A5 模拟引脚的值，利用串口输出"Merry Christmas!"和模拟信号值。利用 if…else… 语句判断模拟信号值是否小于 200（这个数值要根据周围的环境光条件自行设置），如果大于等于 200，那么执行 else 语句里的 noTone() 函数。

背景知识

　　noTone(pin)

　　noTone() 函数只有一个参数，pin 是指接有无源蜂鸣器的引脚。它的作用是让无源蜂鸣器停止发声。在代码中，当光敏电阻的信号值大于等于 200 时，执行 noTone(Buzzer) 函数，使无源蜂鸣器不发声。然后代码跳出 if…else… 语句去执行 if…else… 之外的 delay(500); 语句。

若信号值小于 200 执行 for 循环语句。For 循环语句在执行时，首先再次读取 A5 引脚的数值，并判断 A5 引脚的数值与 200 的关系。若值大于等于 200，就执行 else 语句中的 noTone(Buzzer) 函数。之前已经检测过 A5 的引脚值，为什么还要读取检测呢？这是因为进入 for 循环后，开始播放音乐，如果在播放音乐过程中，光敏电阻的信号值发生改变，那么无源蜂鸣器就会立即停止播放音乐。

若读取的引脚值小于 200，就执行 tone(Buzzer，tune[x]) 函数，播放 tune 数组中的第 x 个音符。

 背景知识

> tone(pin,frequency)
>
> tone() 函数有两个参数，其中 pin 是指接有无源蜂鸣器的引脚，frequency 是指无源蜂鸣器发出声音的频率。它的作用是驱动无源蜂鸣器发出频率为 frequency 的声音。

代码中，tone(Buzzer,tune[x]) 函数，驱动接在 Buzzer 引脚的无源蜂鸣器，播放数组 tune 中第 x 个音符的频率。对于数组 tune 和 durt 是一一对应的，tune[0] 对应 durt[0],tune[x] 对应 durt[x]。tune[x] 存储的是音符的频率，而 durt[x] 存储的是音符的节拍，音符的节拍就是指这个音符的发声应该持续多久。所以利用 tone() 函数播放一个音符的频率时，还要附带延长这个音符的节拍的时间。因此在 tone(Buzzer,tune[x]) 函数后，要加上 delay(500*durt[x]); 语句，这里的 500 是调整值，用来调节节拍使用，不同的歌曲有所不同，可以根据自己歌曲的情况来调整这个数值。就这样按照数组 tune 和 durt 中已经设定好的数值，利用 for 循环依次播放数组中的每一个音符。

（2）测试

将代码输入 Arduino 的编程环境中进行编译，编译成功后将代码上传至 UNO 主板。有光线照射时，无源蜂鸣器开始播放音乐，利用遮挡物挡住照射到光敏电阻的光线，无源蜂鸣器停止播放音乐。扫描二维码，查看实验效果。

实验效果

图 13　实验效果

只要改变代码中的音符，就可以播放任意一首乐曲，若有兴趣，可以尝试更换一首乐曲。

本节代码

第四节　温控调速风扇

1. 设想

风扇是夏天的必备家电。你能否对现有的风扇进行改造，让风扇的转速随着温度的变化而变化。温度升高，风扇的转速变快；温度降低，风扇的转速变慢。

2. 初步设计

初步设计的电路图如下图所示。温度传感器输出的模拟信号值随着温度的改变发生改变，使 UNO 主板输出给马达的 PWM 信号发生改变，马达（风扇）的转速随之发生改变。

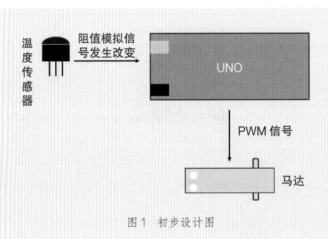

图1　初步设计图

马达又称电机，通过电磁感应带动转子旋转，通过转子上的轴输出动力。马达靠电压进行驱动，只要给它的两端加上电压，就会转动。

图2　马达实物图

L298N 驱动板是一种集成的马达驱动，通过它可以对马达的旋转速度和方向进行控制。可在 L298N 驱动板上取电 +5V 电压，工作电流为 0~36mA，最大功耗为 20W。不同型号的 L298N 驱动板上的引脚数量不同，但引脚的功能是相同的。L298N 上的主要引脚如图4所示。

图 3　L298N 驱动板的实物图　　　　　　　图 4　L298N 驱动板的引脚示意图

ENA,ENB：通过 PWM 信号控制马达的转速，PWM 数值越大，马达的转速越快。

IN1-IN4：用于控制马达旋转方向。其中 IN1 和 IN2 控制 MOTORA，IN3 和 IN4 控制 MOTORB。如果给 IN1 高电平，IN2 低电平，马达正转；给 IN1 低电平，IN2 高电平，则马达反转；给相同的电平值，马达停止转动。

MOTORA 和 MOTORB：用于连接马达的两个引脚。

VMS 和 GND：用于为 L298 驱动板供电，VMS 接电源的正极，GND 接电源的负极。

+5V：用于输出电压，一般不用。

Tips

　　不同的 L298N 驱动板的 ENA 和 ENB 会有所不同。有的 L298N 驱动板的 ENA 和 ENB 引脚会有两根引脚针，当利用跳线帽 ENA 和 ENB 罩住时，代表使能的意思。如果利用跳线帽将 ENA 两个引脚罩住，再给 IN1，IN2 不同的电平值，那么马达将以最高的速度旋转，且不能对马达进行调速。如果想要对 IN1 和 IN2 引脚控制的马达调速，要将 ENA 的跳线帽摘掉，然后接 ENA 靠外的那根引脚。

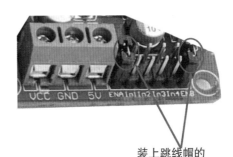

装上跳线帽的
ENA 和 ENB 引脚

图 5　L298N 驱动板　　　　　　图 6　跳线帽

3. 实验验证

实验 1：L298N 控制马达的正转和反转

虽然只要给马达接上电源，马达就可以转动，但是，在实际应用中常常需要控制马达转动的速度和方向，此时就要用到 L298N 驱动板。首先尝试使用 L298N 驱动板控制马达转动的方向。

（1）电路连接

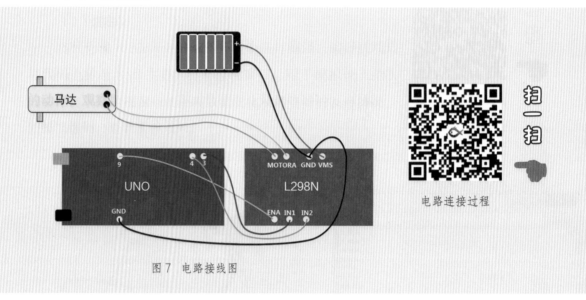

图 7　电路接线图

如图 7 所示，将器件进行连接。L298N 的 ENA 接 UNO 的 9 号引脚，IN1 和 IN2 接 UNO 主板的 3 号和 4 号引脚。IN1 和 IN2 两个引脚对应控制 L298 驱动板上的 MOTOR A 引脚，MOTOR A 的两个引脚驱动马达旋转。L298N 驱动板的 VMS 和 GND 引脚与电源的正极和负极相连，UNO 主板的 GND 引脚连接 L298N 驱动板的 GND 引脚，两者共地。扫描二维码，查看电路连接过程。如果给 IN1 引脚高电平，IN2 引脚低电平，马达会朝一个方向转动；如果给 IN1 低电平，IN2 高电平，马达就会朝相反方向转动。

Tips

大多数型号的 L298N 都要与 UNO 主板共地才能令马达旋转。所谓共地就是把 L298N 和 UNO 的 GND 用导线连接起来。只有共地之后，L298N 才能判别 ENA、IN1、IN2 电压的高低。

如果 L298N 和 UNO 主板都由电池盒供电，则两者已经共地，不用再另接共地线。

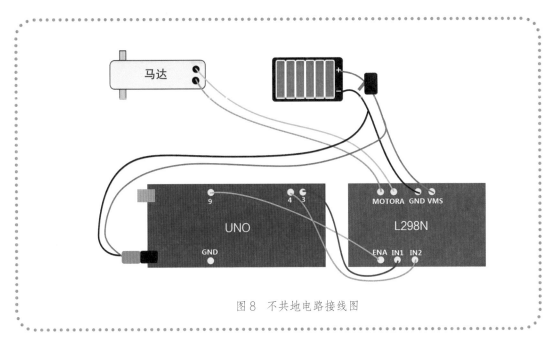

图 8　不共地电路接线图

（2）代码编写

```
// 定义部分
#define IN1 3
#define IN2 4
#define ENA 9
// 初始化部分
void setup()
{
  pinMode(IN1,OUTPUT);
  pinMode(IN2,OUTPUT);
  pinMode(ENA,OUTPUT);
  digitalWrite(ENA,HIGH);
}
// 主函数部分
void loop()
```

```
{
for(int i=200;i<240;i++)          // 马达的速度越来越快
{
digitalWrite(IN1,HIGH);
digitalWrite(IN2,LOW);
digitalWrite(ENA,i);
}
delay(3000);
 digitalWrite(IN1,LOW);
digitalWrite(IN2,LOW);
 delay(2000);                     // 马达停止旋转 2 秒
digitalWrite(IN1,HIGH);           // 马达向正方向转动 5 秒
digitalWrite(IN2,LOW);
delay(5000);
digitalWrite(IN1,LOW);
digitalWrite(IN2,LOW);
delay(2000);                      // 马达停止旋转 2 秒
 digitalWrite(IN1,LOW);
digitalWrite(IN2,HIGH);           // 马达向相反的方向转动 5 秒
delay(5000);
digitalWrite(IN1,LOW);
digitalWrite(IN2,LOW);
delay(2000);                      // 马达停止旋转 2 秒
}
```

定义部分定义了实验用到的引脚，初始化部分对这些引脚进行初始化。

主函数部分首先利用 for() 循环为 ENA 引脚赋值，改变马达旋转速度，再让马达停止旋转 2 秒；接着给 IN1 高电平，IN2 低电平，让马达正方向旋转 5 秒，停止旋转 2 秒；接

着给 IN1 低电平，IN2 高电平，让马达反方向旋转 5 秒，停止旋转 2 秒。

（3）测试

在马达上粘上一个纸片，将代码输入 Arduino 的编程环境中进行编译，编译成功后将代码上传至 UNO 主板。可以看到马达上的纸片先是向一个方向旋转，速度越来越大，然后停止旋转 2 秒，接着马达朝一个方向旋转 5 秒，停止 2 秒后，再向反方向旋转 5 秒，停止 2 秒。扫描二维码查看实验效果。

扫一扫

实验效果

图 9　实验效果图

实验 2：温度传感器测温度

请参考第二章"液晶 LCD 显示文字"的实验 1。

4. 详细设计

温度传感器能够感受环境温度变化，并将温度变化的信号传递给 UNO 主板，UNO 主板对信号处理后，利用 map() 函数对不同温度下的模拟信号、数字信号进行映射，使马达的转速随温度值的变化而变化。

如图 10 所示，将器件接入电路。其中 L298 的 ENA 引脚与 UNO 主板的 9 号 PWM 引脚相连。9 号引脚输出 PWM 信号控制 IN1 和 IN2，而 IN1 和 IN2 控制 MOTOR A 引脚，这样的电路使得 PWM 信号能够控制马达的转速。

扫描二维码，查看电路连接过程。

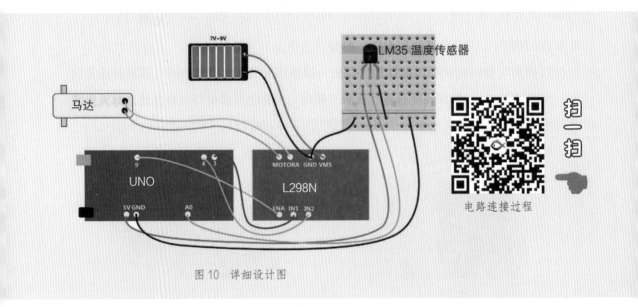

图 10　详细设计图

5. 原型开发

（1）代码编写

工作时，环境温度发生变化，A0 引脚读取的模拟值也发生变化，信号经过 UNO 主板的处理，通过 9 号引脚传递给 L298 驱动板的 ENA 引脚，进而改变马达的转速。

```
// 定义部分
#define IN1 3
#define IN2 4
#define ENA 9
#define LM A0
int val=0;                    // 用于存储读取出的 LM35 的模拟信号值
float temp=0;                 // 用于存储计算出的温度值
float speed=0;
// 初始化部分
void setup()
```

```
{
  pinMode(IN1,OUTPUT);
  pinMode(IN2,OUTPUT),
  pinMode(ENA,OUTPUT);
  digitalWrite(IN1,LOW);
  digitalWrite(IN2,HIGH);         // 为控制马达的两个引脚分别写上电平值
  Serial.begin(9600);
}
// 主函数部分
void loop()
{
  val=analogRead(LM);             // 读取 A0 引脚的模拟值
temp= val * 0.48876;             // 将读取的模拟值 val 换算成温度值
  Serial.println(temp);
  if(temp<25)
  {
  digitalWrite(IN1,LOW);
  digitalWrite(IN2,LOW);          // 当温度值小于 25 度时，给 IN1 和 IN2 低电平，
// 马达不转动
  }
  else if(temp>=25)
  {
  speed=map(temp,26,31,30,200);   // 利用 map() 函数对 LM35 信号值进行映射
  analogWrite(ENA,speed);         // 当温度值大于 25 度，马达的转速开始随
// 着温度的升高而加快
  digitalWrite(IN1,HIGH);
  digitalWrite(IN2,LOW);
  }
}
```

定义部分对用到的引脚和变量进行定义，初始化部分对用到的引脚进行初始化。

在主函数中，先利用 analogRead() 函数读取模拟引脚 A0 的值，计算出温度值，并在监视窗口中进行输出。再利用 if…else if…分支语句将不同温度值下马达的转动情况进行输出。

🔍 **背景知识**

```
    if( 条件 1)
    {
    语句块 1
    }
    else if( 条件 2)
    {
    语句块 2
    }
    ……
    else if( 条件 n)
    {
    语句块 n
    }
```

if…else if…语句是分支语句，它可以解释为"当条件满足'条件 1'执行'语句块 1'，当不满足'条件 1'但满足'条件 2'执行'语句块 2'……"。而之前学习的 if…else…语句则表示的是"如果满足 if 后的条件，将执行 if 后的语句块，否则其他条件将执行 else 后的语句块"。

代码执行至 if 时，首先执行小括号后的内容，比较计算出的温度值 temp 与 25 之间的关系，若 temp 的值小于 25，给 IN1 和 IN2 低电平。这就是计算出的温度值小于 25°，马达不转动。

如果 temp 的值大于等于 25°，不满足 if 的条件，根据代码顺序执行的原则，则执行 else if 语句。在 else if 的语句块部分，首先利用 map() 函数得到映射后的 val 的值（有关 map() 函数的内容参考"PWM 调光实验"）。在 map() 函数中，第一个参数是需要被映射的值 val，第二和第三个参数是环境中的温度变化范围，第四和第五个值是设置的数字信号的变化范围。最后将映射后的值写入 ENA 引脚中，改变马达的转速。

（2）测试

在马达的转动轴上安装一个小风扇片，或者固定一个自制小风扇如图 11 所示。然后，将代码输入 Arduino 的编程环境中进行编译，编译成功后将代码上传至 UNO 主板。打开监视窗口，用手轻轻按住 LM35 温度传感器，观察监视窗口的数值变化，并观察风扇片的转动速度。如果马达不转，请检查 L298N 驱动板和 UNO 主板是否已共地。扫描二维码，查看实验效果。

实验效果

图 11　实验效果

图 12　监视窗口输出数据

温控风扇通过温度的值控制风扇的转速，但是，在实际实验的时候，自然环境下温度的变化量比较小，很难区分风扇的转速有没有发生改变。所以，在测试温控风扇的时候，可以临时给程序中的温度赋值。例如，先给 temp 赋值 20，接着赋值 30，最后赋值 36，观察风扇转速的变化。

本节代码

第五节　自行车速度里程仪

1. 设想

驾驶汽车时，查看汽车的表盘可以知道汽车行驶的速度和行驶里程。你是否也想知道自己骑车的速度是多少呢？然而，自行车上没有这样的装置，不过，你可以尝试为自己的自行车制作一个速度里程仪，了解骑行的速度和路程。

2. 初步设计

测试骑行的速度和路程的关键是获得车轮转动的圈数。因为车轮的周长是固定的，所以只要周长乘以圈数就能得到里程。整理收集资料时得知，霍尔传感器配合磁铁可用来感知车轮的转动。因此，速度里程仪的设计思路是用 Arduino 记录转动的圈数，再将圈数转换为里程数和速度，并显示在 LCD 屏上。

从总体上分析，仪器的制作需要四个主要组件：UNO 主板、霍尔传感器模块、磁铁、LCD 显示屏。

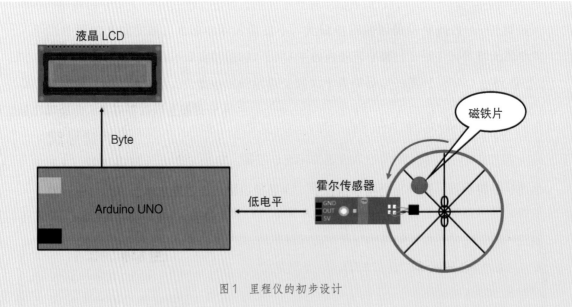

图 1　里程仪的初步设计

霍尔传感器是根据霍尔效应制作的一种磁场传感器，广泛用于电机测速，位置检测等场合。它能感受磁场的变化，磁场越强，电压越高，磁场越弱，电压越低。它的工作电压为5V，有三个引脚，分别为5V、GND 和 OUT。其中 OUT 用于输出电平信号。霍尔传感器感应到磁场时，OUT 引脚输出低电平；没有感应到磁场，则输出高电平。基于这些特征，它常常被用于电机测速、位置检测等场合。

磁感应接收头

图 2　霍尔传感器

将磁铁固定在自行车车轮辐条上，车轮带动磁铁转动，当磁铁靠近霍尔传感器的磁感应接收头时，霍尔传感器模块输出低电平。UNO 主板接收到霍尔传感器输出的低电平信号时，引发中断，然后对小车行驶的速度和路程进行计算，将计算出的数值传输给 LCD 显示屏，小车的速度和行驶路程便在 LCD 屏上显示出来。

3. 实验验证

实验1：检测霍尔传感器

本实验的目的是记录磁铁靠近霍尔传感器的次数，并在串口窗中显示出来。

（1）电路连接

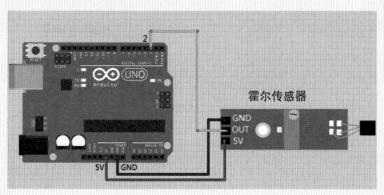

图 3　实验连线图

电路的连接如图3所示。当有磁铁经过霍尔传感器时，霍尔传感器感受到磁场的变化，通过 OUT 引脚输出一个低电平给 UNO 主板，UNO 主板接收低电平信号并记录接收到的次数，最后将次数在串口监视器中输出。扫描二维码，查看电路连接过程。

（2）代码编写

```
// 定义部分
int count=0;
#define hallPin 2
volatile int state=LOW;
// 初始化部分
void setup() {
 Serial.begin(9600); // 初始化串口输出
 pinMode(hallPin,INPUT_PULLUP); // 初始化 hallPin 引脚模式为带上拉电阻的
// 模式
 attachInterrupt(0,ChangeState,FALLING); // 设置电平下降沿触发中断
}
// 主函数部分
void loop()
{
 if(state==HIGH)
 {
state=LOW; // 将 state 的值设置为 LOW，记录是否发生下一次中断
count++;// 记录磁铁是第几次经过霍尔传感器
Serial.println(count);  // 在串口监视器中打印"1"，表示有磁铁经过
 }
}
// 中断服务函数 ChangeState()
void ChangeState()
{
state=HIGH; // 当有中断发生，给 state 的值为 HIGH
}
```

当程序运行到初始化部分时，如果霍尔传感器感受到磁场的变化，它的 OUT 引脚输出一个低电平给 UNO 主板，将触发执行初始化部分的 attachInterrupt() 函数（具体使用可以参考基础实验中的"震动警报器"），引发中断。执行中断服务函数 ChangeState()。在中断服务函数 ChangeState() 中，给 state 变量赋值 HIGH。

然后执行主函数 loop()，利用 if() 判断 state 的值是否为 HIGH。若 state 的值为 HIGH，则先将 state 的值置为 LOW，去记录下一次的中断，此时 count 的值进行自增，并在串口监视器中输出 count 值。

（3）测试

根据电路图连接电路，并对代码进行验证。验证成功后，将代码上传至 UNO 主板。打开监视窗口，将磁铁来回在霍尔传感器下方摆动，监视窗口上就输出磁铁经过霍尔传感器的次数。扫描二维码，查看测试效果。

实验效果

图 4　霍尔传感器实验结果

4. 详细设计

自行车速度里程仪的电路连接图如图 5 所示，首先，将液晶 LCD 与 UNO 主板进行连接，其中液晶 LCD 的引脚分别与 UNO 主板的 3、4、5、6、11、12 等引脚相连，液晶 LCD 引脚的使用方法，参考第二章中的"液晶 LCD 显示文字"。接着，将霍尔传感器与 UNO 主板相连，霍尔传感器的 5V 引脚、GND 引脚分别通过面包板与 UNO 主板的 5V 引脚和 GND 引脚相连，OUT 引脚与 UNO 主板的 2 号引脚相连。扫描二维码，查看电路连接过程。

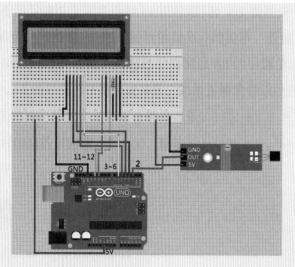

扫一扫

电路连接过程

图 5 自行车里程仪详细设计连线图

自行车速度里程仪工作时，当车轮上的磁铁经过霍尔传感器的探头，OUT 引脚会输出一个低电平值。UNO 主板接收到低电平信号后，得知车轮又旋转了一圈，从而计算出小车行驶过的距离和当前的速度值。

5. 原型开发

（1）代码编写

```
// 定义部分
#include <LiquidCrystal.h>  // 调用 LCD 库函数 LiquidCrystal
int hallPin=2;
volatile int state=LOW;
long count;// 记录自行车车轮旋转的次数，由于该数值较大，所以选用 long 类
// 型的变量来存储，它是以带符号的 64 位整数形式存储，最大值为 2^64
LiquidCrystal lcd(12, 11, 6,5, 4, 3);// 创建 LiquidCrystal 对象 lcd,lcd 使用引脚 12、
//11、6、5、4、3
float radius=0.25;        // 自行车车轮的半径
long distance;            // 存储自行车行驶的距离值
```

```
long prevMillis;              // 存储上一个时间点的值
// 初始化部分
void setup() {
        pinMode(hallPin,INPUT_PULLUP);        // 设置 hallPin 引脚的模式为带
// 拉电阻的模式
        Serial.begin(9600);                   // 初始化串口输出
        attachInterrupt(0,ChangeState,FALLING);  // 设置中断
        count=0;

        lcd.begin(16, 2);        // 初始化 LCD 液晶显示屏
        lcd.setCursor(0, 0);     // 设置 LCD 输出的起始位置
        lcd.print("D:0m");       // 利用 print() 函数输出 "D:0m"
        distance = 0;
        prevMillis = 0;
}
// 中断服务函数 ChangeState()
void ChangeState()
{
 state=HIGH;// 有中断发生，将 state 的值变为 HIGH
}
// 主函数部分
void loop() {
 if(state==HIGH)  // 如果 state 的值为 HIGH
 {
  count++;  // 车轮旋转的次数自增
```

```
    state=LOW;  // 设置 state 初始值为 LOW

        distance = (long)(3.14*radius*2*count); // 计算出距离值 distance

        lcd.clear();// 清除之前在 LCD 液晶显示屏上显示的数据

        lcd.setCursor(0, 0);  // 定位 LCD 输出数据的起始位置

        lcd.print("D:" + String(distance)+"m"); // 输出距离值

        lcd.setCursor(0, 1);   // 定位 LCD 输出数据的起始位置

        lcd.print("S:" + String(3.14*radius*2*3.6/((millis()-prevMillis)/1000.0))+"km/
h");

      // 输出当前的速度值，millis() 函数获取以毫秒为单位的当前时间

        prevMillis = millis();  // 将当前的时间值存入 preMillis 中

  }

  else

  {

if (millis() - prevMillis > 5000) // 如果当前的时间值与前一次的差值大于 5s

{

lcd.setCursor(0, 1);  // 将 LCD 的输出位置移至第二行

lcd.print("S:0km/h "); // 输出当前的速度值

        }

  }

  }
```

由于制作自行车速度里程仪需要使用液晶 LCD，因此，在代码的开头需要调用库函数 LiquidCrystal。在初始化部分创建一个 LiquidCrystal 类型的对象 lcd。

在初始化部分对用到的 UNO 主板的引脚、串口通信和 LCD 进行初始化，同时设置中断函数 attachInterrupt()。当 2 号引脚的电平值由高电平向低电平转换时，触发函数

ChangeState()。ChangeState() 函数是中断服务函数，执行 ChangeState() 函数，将 state 的值改变为 HIGH。

当 state 的值为 HIGH 时，执行主函数 loop()。在主函数 loop() 中，首先利用 if() 函数判断 state 的值，如果 state 的值为 HIGH，则让 count 自增，记录车轮上磁铁经过霍尔传感器的次数，即车轮转动的圈数；接着计算出行驶的距离值 distance 和当前的速度值，利用 lcd.print() 函数将距离值和速度值在液晶 LCD 显示屏上输出，其中 millis() 函数可以获取以毫秒为单位的当前的时间；最后将当前的时间值存入 prevMillis 中。

如果 state 的值为 LOW，则要利用 if() 函数判断当前的时间值与上一个时间值之间的关系，如果两个时间的差值大于 5000 毫秒，也就是说在 5 秒钟霍尔传感器没有感受到磁铁，即车轮在 5 秒内没有发生转动，那么此时速度值应该为零，利用 lcd.print() 函数输出小车的速度值零。

（2）测试

根据电路图，连接器件，对霍尔传感器进行固定，为便于实验，可将一块磁铁固定在光盘上，用光盘模拟小车的车轮。对代码进行验证，验证成功后将代码上传至 UNO 主板。转动光盘，液晶 LCD 上便会显示距离值和速度值，此外观察霍尔传感器，可以看到每当磁铁经过霍尔传感器时，霍尔传感器上的指示灯就会闪亮。扫描二维码，查看实验效果。

实验效果

图 6　自行车里程仪原型

图 7　里程和瞬时速度显示

6. 总装与调试

将制作完成的速度里程仪安装在自行车上。选定自行车之后，需要测量自行车前轮的半径，并在代码中修改 radius 值。

float radius=0.25;　　// 自行车车轮的半径

本次测试选择常见的自行车。将霍尔传感器和磁铁固定在自行车前轮，这里需要注意的是连接霍尔传感器时，要使用比较长的导线。固定完成后，自行车的前轮如图 8 所示。将剩余器件装在盒子里，固定在自行车前方的篮子中，如图 9 所示。这样一辆配有速度里程仪的自行车就改装完成了，如图 10 所示。扫描二维码，查看实验效果。

图 8　霍尔传感器和磁铁的安装

实验效果

图 9 里程仪的固定

图 10 里程仪安装效果图

骑行时，只要看一眼篮中的液晶 LCD 显示屏就能够知道此时自行车行驶的速度和路程，是不是很有趣？赶紧外出骑行一圈吧！

本节代码

本章小结

本章中，制作完成了震动警报器、低头警报器和光控音乐盒等充满趣味的 Arduino 微项目，熟悉了如何将一个项目从想法产生到制作完成的全过程，这也是解决复杂问题的过程。从一个初步的想法开始，通过不断地尝试、验证、改进，逐渐形成解决方案，并通过最后的测试，反思问题的解决效果，进而产生新的想法和创意。

本章共有五个微项目，你能否对自己感兴趣的微项目作进一步的思考，在原有项目的基础上进行再创作。例如，自行车里程仪只记录了自行车行驶的路程和速度，可以考虑再为它安装一个警报器，当自行车的速度高于某一设定值时，就会发出警报声，提示骑车人减慢速度，防止意外发生；或者考虑在自行车上安装 LED，骑车速度越快，LED 闪烁频率越高等。

如果你制作出好的作品，可以扫描二维码，上传到本书的网站，与更多人分享！也可以扫描二维码，查看他人上传的作品。

在线交流

第四章　无线数据传输

无线数据传输可以为 Arduino 项目增加无穷的乐趣，如遥控、远程探测、传感器组网等。本章将介绍三种无线模块的使用方法，为后续综合项目的遥控做准备。三种模块分别为：最简单易用的串口数据透明传输模块——APC220、最便宜的 433MHz 模块——433、功能最全的远距离模块——nRf24L01+ 。

第一节　串口无线透传模块

1. 设想

在第二章的串口接收数据实验中，采用的是 USB 数据线向 Arduino 传输数据。如果用无线代替有线，让 Arduino 脱离计算机，就能实现遥控小车等众多有趣的想法。串口无线透传模块正是可以替代 USB 数据线的数据传输器件。本节实验中，将在串行窗口中输入数字 0~9，利用无线透传模块控制电机的转速。

2. 初步设计

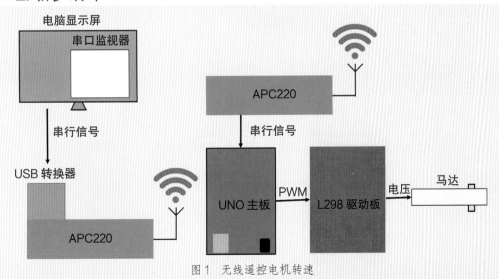

图 1　无线遥控电机转速

设计图的左半部分是控制端，PC 直接连接 APC220，发送字符串；右半部分是 UNO 从 APC220 接收字符串，转换为 PWM 信号后控制电机转速。

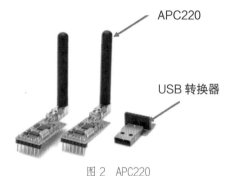

APC220 的实物图如图 2 所示。APC220 模块用于远距离无线传输，传输距离在 1000~1200 米；经常使用到的波特率是 9600 和 19200。APC220 的发射端和接收端可以互换使用。使用 APC220 的好处是在不改变原有程序代码的情况下，只需接上 APC220 模块便可以进行无线传输。

图 2　APC220

3. 实验验证

实验 1：L298 驱动板和马达检测

参考第三章中"温控调速风扇"的"L298N 控制马达的正转和反转"，对 L298N 驱动板和马达进行验证。

实验 2：APC220 模块检测

本实验的目的是检测一对 APC220 是否工作正常。UNO 主板通过 APC220，每隔 1 秒发送一条字符串。同时电脑端通过另一块 APC220 接收该字符串，并将其显示在屏幕上。

（1）电路连接

扫描二维码，查看电路连接过程。

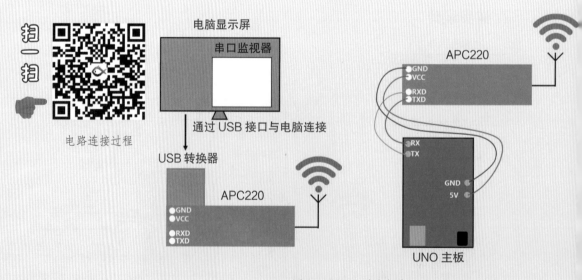

图 3　APC220 测试电路

电脑端的 APC220 需要通过一个转换器，才能接到电脑的 USB 接口。APC220 与 USB 转换器的连接方式如图 4 所示。另一个 APC220 通过杜邦线与 UNO 主板相连。

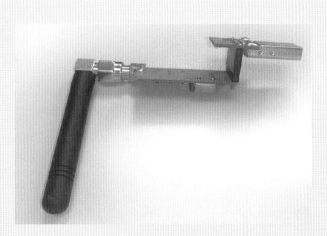

图 4　APC 与 USB 转换器的连接方式

注意：APC220 的 RXD 接 UNO 主板的 TX，TXD 接 UNO 主板的 RX。

🔍 **背景知识**

电路连接时需要注意，不能捏着 APC220 的表面，最好是捏着它的两个边缘。这是因为人体带静电可能会对 APC220 造成破坏。除了 APC220，像 UNO 主板、L298 驱动板等板材，电路连接时最好也都是捏住板材的边缘。

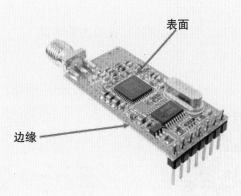

图 5　APC220

（2）代码编写

```
// 初始化部分
void setup() {
Serial.begin(9600);
}
// 主函数部分
void loop()
{
  Serial.println("Hello!");   // 在串口调试窗口显示 "Hello!"
  delay(1000);

}
```

测试 APC220 的程序比较简单，主要是在主函数部分利用 Serial.println() 函数每隔 1 秒在串口调试器的窗口输出一行 "Hello！"

上传代码之前必须将 APC220 连接着 UNO 主板 RX 和 TX 的线拔下，否则会因为串口冲突而无法上传代码。

3. 测试

在测试之前要对 APC220 的参数进行设置，保证两块 APC220 的参数相同，这样才能完成无线通信。扫描二维码，查看如何配置 APC220。

APC220 配置

实验结果如图 6 所示。扫描二维码，查看实验结果。

实验结果

图 6　实验结果

　　APC220 波特率、频率等参数配置步骤如下：

　　首先将 APC220 插入 USB 转换器，并通过电脑的 USB 接口与电脑相连。打开"USB 设置驱动文件夹"。如果你的电脑系统是 64 位的，双击打开"CP210xVCPInstaller_x64"应用程序；如果你的电脑是 32 位的，双击打开"CP210xVCPInstaller_x86"应用程序。这之后，根据提示安装 USB 的驱动软件。

图 7

图 8

图 9

图 10

　　USB 驱动安装完毕后，打开"串口调试助手驱动软件"文件夹，再打开"apc220"文件夹，以管理员身份运行 apc220，如图 11 所示。

图 11

设置 APC220 的参数，这里需要选择 APC220 的 USB 插孔所在的端口，如图 12 所示。

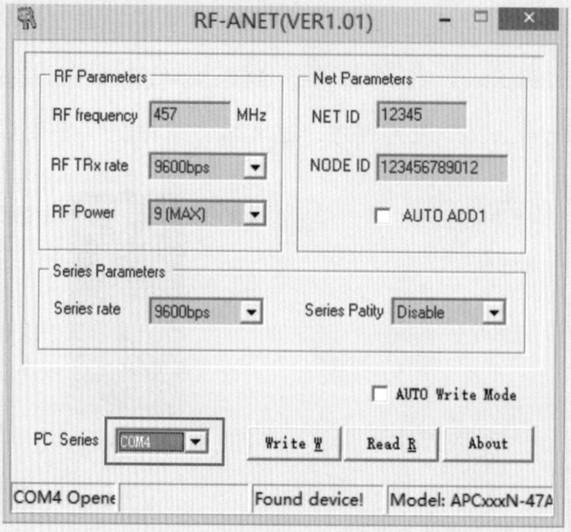

图 12

选中"我的电脑"，右击，选择"管理"，可以看到 APC220 的 USB 插孔所在的端口号。需要注意的是不同电脑的 USB 驱动端口号，或者同一台电脑不同 USB 插孔的端口号，都是不同的。

图 13

选择好端口号后，要对 APC220 进行参数设置。具体数值如图 14 所示，设置完成后点击"Write W"将参数写入 APC220。以同样的方式设置另一块 APC220。

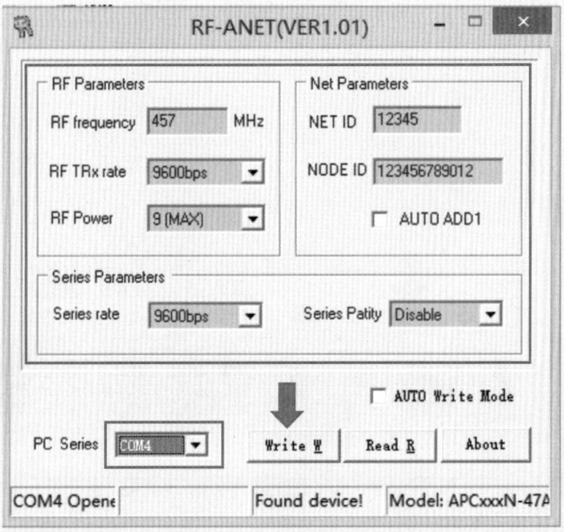

图 14

利用 USB 数据线将 UNO 主板与电脑相连，对代码进行验证，验证后将代码上传至 UNO 主板，注意上传前需将 APC220 与 UNO 主板 TX 和 RX 相连的引脚拔下来，上传后再接上。利用 USB 转换器将另一块 APC220 接到电脑上。打开文件"串口调试助手驱动软件"，双击"sscom32"程序。

图 15

选择串口号，该串口号就是 APC220 所在的 USB 插孔的端口号，点击"打开串口"。这时可以在字符串输入框输入字符。

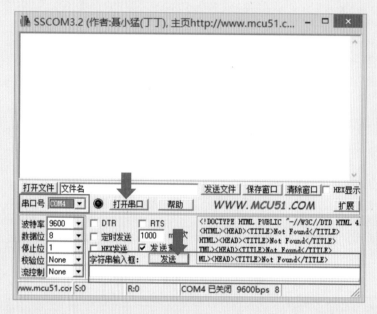

图 16

除了使用串口调试助手进行接收和发送字符，还可以使用 Arduino IDE 的监视窗口接收和发送字符。

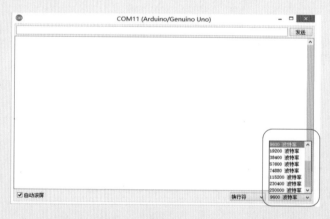

图 17

4. 详细设计

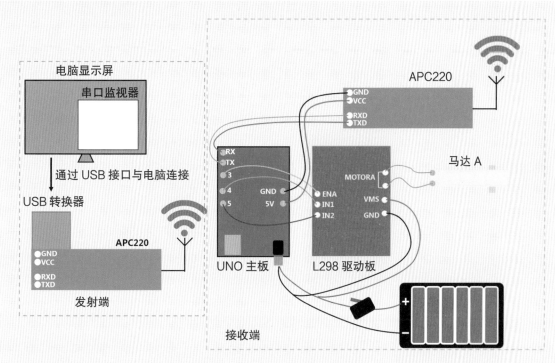

图 18　无线透传模块控制电机转速

作品详细的电路图如图 18 所示。接收端部分，UNO 主板的 3、4、5 号引脚分别与 L298 驱动板的 ENA 引脚、IN1 引脚和 IN2 引脚相连。L298 驱动板的 MOTORA 引脚连接马达的两端，VMS 和 GND 引脚分别连接电源的正极和负极。接收端的 APC220 的 TXD、RXD 引脚分别与 UNO 主板的 RX 和 TX 引脚相连。发射端部分，APC220 通过 USB 转换器与电脑相连。扫描二维码，查看电路连接过程。

电路连接过程

工作时，在串口监视器中输入数字 0~9，发射端的 APC220 将数字发送出去。接收端的 APC220 接收到数字后转换为 PWM 信号，作用于 L298 驱动板驱动马达。输入数字 0，并按"回车"键，马达不转动；输入数字 5，马达开始转动。输入的数字越大，马达的转速越快。

五、原型开发

（1）代码编写

```
// 定义部分
String intString="";
int dir1PinA = 5;              //Arduino 的 4 和 5 号引脚分别连接 IN1 和 IN2
int dir2PinA = 4;
int speedPinA = 3;            //Arduino 的 3 号 PWM 输出引脚连接 ENA
int command=0;               //Control command
int speedA;                  // 定义速度变量，PWM 输出范围为 0 ～ 255
// 初始化部分
void setup() {
 Serial.begin(9600);
 pinMode(dir1PinA, OUTPUT);
 pinMode(dir2PinA, OUTPUT);
 pinMode(speedPinA, OUTPUT);
 speedA = 0; // 初始化速度为 0
}
// 主函数部分
void loop()
{
 command=Serial.read();
// 如果读取到的数据在 0~9 之间，则调用自定义函数 TurnMotor() 驱动马达旋转
 if(command>='0'&&command<='9')
 {
  TurnMotor(command);
 }
}
// 自定义函数 TurnMotor()
```

```
void TurnMotor(char cmd)
{
  if(cmd=='0') // 如果 cmd 的值为 0，那么马达停止转动
  {
  digitalWrite(dir1PinA, HIGH);
  digitalWrite(dir2PinA, HIGH);
  }
  if(cmd>='1'&&cmd<='9')// 如果 cmd 的值在 1~9 之间，马达转动
  {
  digitalWrite(dir1PinA, HIGH);
  digitalWrite(dir2PinA, LOW);
  intString+=(char)cmd;
  speedA=map(intString.toInt(),1,9,75,250);
  Serial.println(speedA);
  intString="";
  }
  analogWrite(speedPinA, speedA);// 输出 PWM 脉冲到 ENA
  delay(1000);
}
```

在主函数中，首先利用 Serial.read() 读取输入的值，将值存储在变量 command 中；然后通过 if() 函数，判断输入的数字是否在 0~9 之间，如果数字在 0~9 之间，程序执行 TurnMotor() 函数，控制马达的转动。

在代码中出现了一个运算符"&&"，它是逻辑运算符之一。逻辑运算符主要包含"&&""||""!"三个，分别简称为"与""或""非"，它们主要用于逻辑上的判断。判断的结果只有"真""假"两种情况。

"&&"运算符的含义相当于"并且"，只有满足两个条件，最后的结果才为"真"。根据实验代码，我们来具体理解"&&"运算符的含义：if(command>='0'&&command<='9')表示command的值要满足大于等于'0'的条件，同时，也要满足小于等于'9'的条件，这样才能执行if()函数中的语句。

（2）测试

将发射端的APC220、UNO主板与电脑相连，拔掉接收端的APC220与UNO主板TX和RX相连的引脚，然后验证代码并上传。

为了获得更可视的实验效果，可在马达转轴上粘贴纸片。打开IDE的串口监视器，在串口监视器中输入数字3，可以观察到马达开始转动；输入数字8，马达的转速变快；输入数字0，马达停止转动。扫描二维码，查看实验效果。

测试效果

6. 反思

本节利用APC220无线控制马达的转速。APC220接线简单，传输距离远（1千米），且编程方便，易学易用。本书后续的遥控车和遥控船项目都会用到无线透传模块。但APC220的价格比较高，如果传输距离不是太远（10~20米），可以考虑使用其他更便宜的串口透传模块，如图19。

本节代码

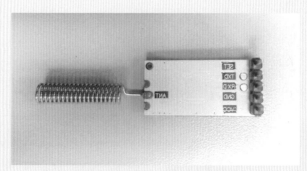

图19 另一种串口无线透传模块

第二节　检测 433 模块

1. 设想

有时候无线数据传输的距离要求只有几十米，此时使用 APC220 的成本会太高，是否有更便宜些的方案呢？如在发射端转动一个电位器，接收端便显示出 0~1023 范围内变动的数字。让我们一起来尝试一下吧。

2. 初步设计

从总体上分析，测试实验的电路由两个部分组成：发射端和接收端。发射端主要由电位器、Arduino UNO 主板、433 无线发射模块构成；接收端则主要由 Arduino UNO 主板、433 无线接收模块构成。

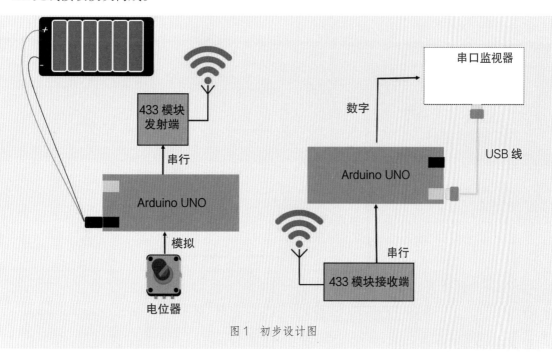

图 1　初步设计图

初步设计的电路图如图 1 所示，发射端电位器、UNO 主板、433 无线发射模块相连。

433 无线传输模块是成对的，其中形状似正方形的是 433 模块的发射端模块，形状似长方形的是接收端模块。发射端与接收端的状态始终相同，即同为高电平或同为低电平。由于 433 无线传输模块是一种单向无线传输的模块，所以它的发射端模块和接收端模块不能交换使用。

图 2 433 模块

在接收端，只需要 433 的接收端模块与 UNO 主板相连，再将 UNO 主板连接到 PC 上。

工作时，旋转电位器的旋转按钮，电位器输出的模拟信号在 UNO 主板内转换为字符串经过 433 发射模块发出。433 的接收模块接收到信号后，将信号传输至 UNO 主板，转换为字符串后在电脑的监视窗口中输出。

3. 实验验证

为保证实验得以顺利进行，实验开始之前，需要测试发射端用到的电位器。电位器的实验检测参考第二章的"PWM 调光"。

4. 详细设计

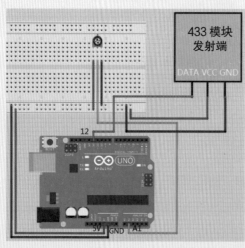

图 3 433 模块发射端接线图

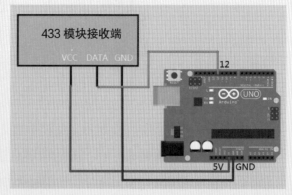

图 4 433 模块的接收端接线图

测试 433 无线传输模块的实验电路图如图 3 和图 4 所示。在发射端接线图中，电位器中间信号引脚与 UNO 主板的 A1 模拟引脚相连，剩下的两个引脚分别通过面包板与 UNO 主板的 GND 引脚和 5V 引脚相连。连接 433 模块的发射端时，发射端的 DATA 引脚与 UNO 主板的 12 号引脚相连，VCC 引脚和 GND 引脚分别通过面包板与 UNO 主板的 5V 引脚和 GND 引脚相连。

在接收端接线图中，433 无线传输模块接收端的 DATA 引脚与 UNO 主板的 12 号引脚相连，VCC 引脚和 GND 引脚分别与 UNO 主板的 5V 引脚和 GND 引脚相连。扫描二维码，查看 433 模块发射端和接收端电路的连接过程。

电路连接过程

工作时，旋转电位器，电位器输出的模拟信号经过 UNO 主板转换成字符串，并通过 433 模块的发射端发出，接收端的 433 模块接收到信号后，将信号转换为字符串并在电脑端的监视窗口中输出。

5. 原型开发

（1）代码编写

433 模块分为发射端和接收端，所以代码也分为发射端代码和接收端代码。

①发射端代码

```
// 定义部分
#include <VirtualWire.h>  // 调用无线传输的库函数 VirtualWire
char buffer[8];        // 定义 char 型数组 buffer
int prevousPotVal = 0;     // 定义 int 型变量 prevousPotVal
// 初始化部分
void setup()
{
  Serial.begin(9600);        // 初始化串口
  Serial.println("setup");  // 输出 "setup" 的信号，表示发送端已经就绪
  vw_set_tx_pin(12);      // 设置 12 号数字引脚为输出引脚
vw_set_ptt_inverted(true);
vw_setup(4000);    // 每秒钟传输的字节数
```

```
}
// 主函数部分
void loop()
{
  int potVal=analogRead(1);  // 读取 A1 引脚的信号值
  if (potVal != prevousPotVal) // 判断读取的 A1 引脚值与前一次读取的是否相同
  {
    String val = String(potVal);  // 将 int 型变量转化为 String 型并存入 val 中
    val = "P" + val;     // 为 val 加上标志量"P"，用于接收端识别数据
    Serial.println(val);
    val.toCharArray(buffer, 8); // 将 val 转化为数组，存入 char 型数组 buffer 中
const char *msg = buffer; // 记录要传输数据的地址，"*"是指针号，说明 msg
// 存储的是一个地址；const 修饰的数据类型是常类型，常类型的变量或对象
// 的值是不能被更新的
    digitalWrite(13, true); // 点亮 13 号引脚控制的板载 LED，表示开始传输数据
    vw_send((uint8_t *)msg, strlen(msg)); // 发送数据
    vw_wait_tx(); // 等待直至数据传输完毕
    digitalWrite(13, false);  // 熄灭板载 LED，表示数据传输结束
    prevousPotVal = potVal; // 将当前 A1 引脚的信号值存入 prevousPotVal，
// 供下次比较
  }
  delay(50);
}
```

发射端代码的功能是将电位器输出的模拟信号转换为字符串，并利用 Virtual Wire 函数库将字符串通过 433 模块发送出去。

为了实现上述功能，代码首先调用库函数 VirtualWire，然后对用到的变量进行定义，

在初始化部分对 433 模块的基本参数进行设置。

　　主函数中，首先读取 A1 模拟引脚的信号值，接着利用 if() 函数判断当前的 A1 引脚的模拟值与上一次读取的值是否相同。如果不同，则将得到的 int 型模拟信号值 potVal 转换为 String 型，并存放至 String 类型的变量 val 中，为 val 添加标志量"P"，最后利用 vw_send() 函数将转换后的信号发送出去。

　　②接收端代码

```
#include <VirtualWire.h>
// 初始化部分
void setup()
{
  Serial.begin(9600);
  Serial.println("setup");
  vw_set_rx_pin(12);
vw_set_ptt_inverted(true);
  vw_setup(4000);
  vw_rx_start();      // 开启，并工作
}
// 主函数部分
void loop()
{
  uint8_t buf[VW_MAX_MESSAGE_LEN];
  uint8_t buflen = VW_MAX_MESSAGE_LEN;
if (vw_get_message(buf, &buflen)) // 判断是否有数据进入
  {
  int i;
    digitalWrite(13, true); // 如果进入了有效数据，那么点亮板载 LED
  Serial.print("Got: ");   // 打印"Got:"
  for (i = 0; i < buflen; i++)
```

```
    {
        char c = (buf[i]);
        Serial.print(c);
    }                   // 输出数据至电脑的监视窗口
    Serial.println("");
        digitalWrite(13, false);    // 数据接收完毕，熄灭板载 LED
    }
    }
```

接收端的任务是接收发射端传输的串行信号，将串行信号输出到电脑的监视窗口。

同理，首先需要调用库函数 VirtualWire。在初始化部分对 433 的基本参数进行设置。主函数中首先利用 if() 判断是否有信号进入。若有信号进入，则点亮板载 LED，并在监视窗口打印 "Got"，接着利用 for() 循环的形式将接收到的数据在监视窗口逐个输出。

（2）测试

测试时，首先给 Arduino 软件安装 VirtualWire.h 类库。扫描二维码，下载 VirtualWire.h 类库，并解压到 Arduino 安装目录中的 libraries 文件夹下。然后重新打开 IDE。

下载 VirtualWire.h 类库

接下来对发射端、接收端的代码进行验证，验证成功后将代码上传至 UNO 主板。为 UNO 主板接上电源，这样发射端已经就绪了。接着对接收端的代码进行验证，验证成功后将代码上传至接收端的 UNO 主板。打开监视窗口，旋转电位器的旋钮，观察监视窗口上数据的变化。此时可以一个人守在电脑前，另一个人带着连接了 433 模块的发射端，离开接收端一定的距离，观察并记录离开的距离为多大时，433 的接收模块无法接收到发射端传输的信息。扫描二维码，查看实验效果。

实验效果

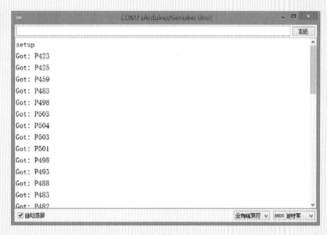

图 5　串口监视器输出值

6. 反思

　　测试 433 无线传输模块的过程中，轻轻转动电位器，电脑端监视窗口的数值会发生改变。经过测试得知，当 433 模块的发射端离接收端的距离大于 100 米时，接收端就无法接收到传输的数据。这表明传输距离 100 米以内完全可以利用 433 模块进行无线传输。一对 433 模块的价格在 5 元左右，较为便宜。因此，在传输距离小于 100 米，且只需要单向传输的情况下，利用 433 模块进行数据的无线传输是一个非常好的选择。

本节代码

Tips

　　VirtualWire 和 Servo 函数库有冲突，因为它们都调用了 UNO 主板内部的 Timer1。换言之，就是它们无法实现同时接收数据和控制舵机转动。

第三节　人类活动无线探测仪

1. 设想

当有几个房间需要实时监测里面是否有人活动时，无线数据传输就要采用比点对点更为灵活的方式。如一点对多点、树结构和无中心的 Mesh 网络结构，这时都需要考虑到组网的问题。本节实验中，我们将使用 nRF24L01+ 无线模块制作一个人类活动无线探测仪。可以把探测仪的发射端放在一个房间内，把带有指示灯的接收端放在另一个房间内，根据接收端指示灯的亮灭情况来判断放置发射端的房间内是否有人活动。

2. 初步设计

从总体上考虑，该探测仪可分为两个部分：发射端和接收端。发射端需要的主要器件有 PIR 人体感应传感器、Arduino UNO 主板和 nRF24L01+ 无线模块。接收端需要的主要器件有 Arduino Nano 主板（作用与 UNO 相同）、nRF24L01+ 和 LED，如图 1 所示。

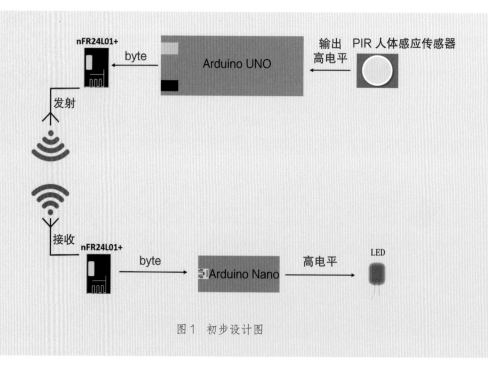

图 1　初步设计图

PIR 人体感应传感器是一种可以检测人体运动的红外线传感器。如图 2 所示，传感器上有一个白色半圆形透镜，它的感应角度小于 100°，感应距离在 7 米以内。

图 2　PIR 实物图

根据初步设计的方案，将发射端放在屋子的某个地方。只要感知范围内有人活动，PIR 的输出引脚就会产生高电平，否则产生低电平。UNO 主板每隔一秒检测一次 PIR 引脚，检测到低电平时，将"LOW"字符串传输给 nRF24L01+。由 nRF24L01+ 将"LOW"字符串发射出去。同理，检测到高电平时，nRF24L01+ 把"HIGH"字符串发射出去。接收端的 nRF24L01+ 负责接收信号并传给 Nano，Nano 处理器对接收到的信号进行检测。检测到"HIGH"字符串，就给 LED 引脚高电平，LED 被点亮，说明有人在 PIR 人体传感器感知范围内活动；检测到"LOW"，就给 LED 的引脚低电平，LED 不亮，说明在 PIR 人体传感器感知范围内没有人活动。

3. 实验验证

实验 1：检测 nRF24L01+ 无线传输模块

人类活动无线探测仪需要利用无线传输模块对红外传感器传入的数据进行传输，为此要使用到无线传输模块。本实验中使用的是一个新的无线传输模块 nRF24L01+。

nRF24L01+ 是一种通过 SPI（见第二章的"SPI 流水灯"）接口和 MCU(Arduino) 互传数据的无线数据传输模块。它的价格较低，从 7 元到 40 元不等。最远传输距离可达 2300 米（以最小传输速率），最高传输速率可达 2Mbps。

图 3 nRF24L01+ 实物图

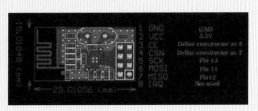

图 4 nRF24L01+ 引脚图

检测实验是当在发射端监视窗口输入一个以"X"为结尾的字符串时，在接收端监视窗口显示的是除去字母"X"的字符串。如在发射端监视窗口输入"I Love Arduino ProgrammingX"，在接收端监视窗口就会显示"I Love Arduino Programming"。

（1）电路连接

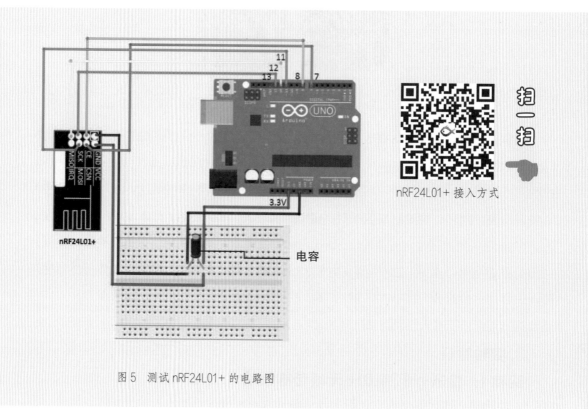

图 5　测试 nRF24L01+ 的电路图

测试 nRF24L01+ 模块传输数据时，实验的电路有发射端和接收端两部分，由于发射端和接收端的电路相同，因此，这里只提供一张电路图，如图 5 所示。nRF24L01+ 模块的 GND 和 VCC 引脚通过电容与 UNO 主板的 GND 和 3.3V 引脚相连。

连接电路时需要注意以下两点。

① nRF24L01+ 模块的 VCC 引脚是与 UNO 主板的 3.3V 引脚相连，而不是与 5V 引脚相连。因为该无线模块的额定电压是 3.3V，接 5V 会烧毁器件，因此需要连接一个电容。

② 3.3V 引脚支持的最大的电流比 5V

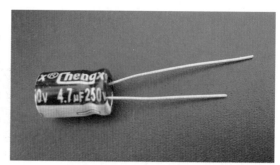

图 6　电容实物图

引脚的 1500mA 要小得多。连接的电容有两个引脚，如图 6 所示。长引脚为正极，与 UNO 主板的 3.3V 和 nRF24L01+ 模块的 VCC 引脚相连；短引脚为负极，与 UNO 主板的 GND 和 nRF24L01+ 模块的 GND 引脚相连。电容容量范围应在 $1\sim10\,\mu\text{F}$，本实验选用 $4.7\,\mu\text{F}$ 的电容。当 nRF24L01 无线传输模块发射电波时，瞬间电流可能会超出 UNO 主板 3.3V 引脚的最大电流，因此，在 nRF24L01+ 模块和 UNO 主板之间接的电容起到缓冲电流的作用，帮助无线模块正常工作。

如图 5 所示，nRF24L01+ 模块的 CSN 和 CE 引脚分别与 UNO 主板的 7 和 8 号引脚相连，MOSI、MISO 和 SCK 引脚分别与 UNO 主板的 11、12、13 号引脚相连。扫描二维码，查看 nRF24L01+ 接入电路的方式。

工作时，打开发射端和接收端的监视窗口，在发射端的监视窗口输入字符串，数据由 UNO 主板处理后，经 nRF24L01+ 无线传输模块发射出去，接收端的 nRF24L01+ 模块接收到信号后，在 UNO 主板内处理，将字符串在接收端的监视窗口显示。

（2）代码编写

① 发射端代码

```
// 定义部分
#include <SPI.h>// 调用 SPI 库函数
#include <nRF24L01p.h>// 调用 nRF24L01p 库函数
nRF24L01p transmitter(7,8);// 创建 nRF24L01p 类型的对象 transmitter
String message;
// 初始化部分
void setup()
{
 delay(150);
 Serial.begin(115200);
 SPI.begin();// 初始化串口
 SPI.setBitOrder(MSBFIRST); // 设置传输数据的方式为"高位先传"
transmitter.channel(90);
 transmitter.TXaddress("Artur"); // 设定目标地址，接收端也要设定这个地址
```

```
    transmitter.init();// 初始化发送端

}

// 主函数部分

void loop()

{

  if(Serial.available())                // 判断是否有数据输入

{

  char character=Serial.read();         // 读取输入的数据，并存入 character

if(character=='X')           // 判断 character 是否等于'X'

{

Serial.println("transmitting..."+message);   // 在监视窗口打印

    transmitter.txPL(message);         // 将 message 发射出去

    transmitter.send(SLOW);            // 设置发射的速率为 SLOW

    message=""; // 清空变量 message，用于存储下一个数据

}

else

{

    message+=character; // 如果没有遇到字符'X'，则将读取的 character 相连

// 后存入 message 中

  }

 }

}
```

　　由于 nRF24L01+ 无线传输模块是 SPI 接口的模块，所以在代码的定义部分需要调用库函数 SPI。nRF24L01+ 的底层是一些关于寄存器的操作，如 Byte 数据（8 个 Bit）如何读入、输出等。为了方便人们使用 nRF24L01+ 模块，有人写出了函数库来封装硬件层面的操作。经过反复实验发现 nRF24L01p 库函数比较可靠，数据不易丢失，因此，在代码的开始部分调用了 nRF24L01p 库函数，并创建对象 transmitter。

　　主函数部分，首先利用 if() 函数判断监视窗口是否有数据输入，如果有，则利用

Serial.read() 读取数据，并存入 character 中。如果 character 的值是'X'，则利用串口输出的方式，在监视窗口输出""transmitting…"+message"，再利用 transmitter.txPL() 将 message 发送出去。如果 character 的值不等于'X'，则将已经读取的 character 进行连接，并存入 String 类型的变量 message 中。

②接收端代码

```
// 定义部分
#include <SPI.h>                      // 调用 SPI 库函数
#include <nRF24L01p.h>                // 调用 nRF24L01p 库函数
nRF24L01p receiver(7,8);              // 创建对象 receiver
String message;
// 初始化部分
void setup()
{
  delay(150);
  Serial.begin(115200);
  SPI.begin();
  SPI.setBitOrder(MSBFIRST);          // 设置传输数据的方式为"高位先传"
  receiver.channel(90);
  receiver.RXaddress("Artur");        // 设定目标地址，发射端也要设定这个地址
  receiver.init();                    // 初始化接受端

}
// 主函数部分
void loop()
{
  if(receiver.available())            // 判断是否有数据进入接收端
  {
    receiver.read();                  // 读取接收端接收到的数据
```

```
        receiver.rxPL(message);    // 将 receiver.read() 读取的数据存入 message 中
        Serial.println(message);    // 在串口监视器中输出接收到的数据
        message="";
    }
  }
```

接收端代码的定义部分和发射端一样，需要调用 SPI 和 nRF24L01p 库函数，并创建对象 receiver。初始化部分对 Serial、SPI 和 receiver 进行初始化。

主函数首先利用 if() 判断接收端是否接收到数据，接着利用 receiver.read() 函数读取接收到的数据，利用 receiver.rxPL() 将读取到的数据存入 message 中，再利用串口输出的方式将数据在接收端的监视窗口中输出，最后将 message 变量清空，以存储下一个接收到的数据。

（3）测试

根据测试电路图，连接测试电路的发射端和接收端。由于发射端和接收端的电路连接相同，因此需要在 UNO 主板上贴上标签，以免混淆。

电路连接完成后，对发射端和接收端的代码进行验证上传。由于 nRF24L01p 这个库函数并不是 IDE 自带的库函数，因此，需要将 nRF24L01p 库函数文件放到 IDE 的 libraries 文件夹下，具体操作步骤如下。

第一步：扫描二维码，下载 nRF24L01p 库函数。

nRF24L01p 库函数

扫一扫

第二步：对 nRF24L01p 的压缩包进行解压，将解压后的 nRF24L01p 文件夹拷贝至 Arduino 安装目录中的 libraries 文件夹下。

图 7　nRF24L01p 的文件夹位置

第三步：重新打开 IDE，从 File → Example 菜单下便可以看到安装的库函数。

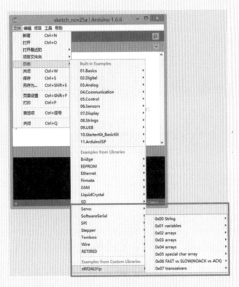

图 8　添加 nRF24L01p 函数库

接着利用 USB 数据线将发射端的 UNO 主板与电脑相连。打开发射端的代码，选择此时的端口号，将发射端的代码上传至 UNO 主板，并打开监视窗口，设置波特率为 115200。

然后，利用另一条 USB 数据线将接收端的 UNO 主板与同一台电脑相连。打开接收端的代码，这时候应该选择将发射端的 UNO 主板与电脑相连时没有出现，而接收端 UNO 主板与电脑相连时出现的端口号。将接收端的代码上传至 UNO 主板，并打开监视窗口，设置波特率为 115200。

在监视窗口输入"123X"，并点击"发送"，发射端的监视窗口显示"transmitting…123"，接收端的监视窗口显示"123"；接着再在监视窗口输入"I Love Arduino ProgrammingX"，点击"发送"，接收端的监视窗口显示"I Love Arduino Programming"。

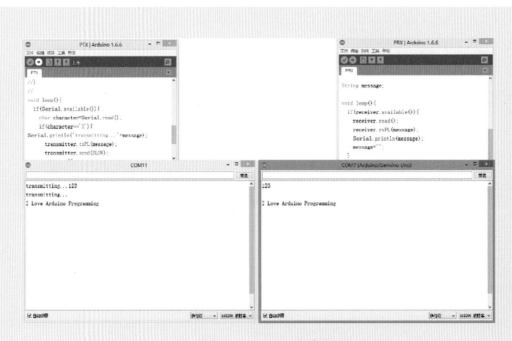

图 9　测试 nRF24L01+ 的效果图

到目前为止，我们已经学习了 3 种无线传输模块：APC220、433 和 nRF24L01+。经过对比可以发现，APC220 模块的功能比较齐全，但价格较贵；433 模块价格便宜，但传输距离相对较短，并且数据只能单向传输；nRF24L01+ 模块传输距离远，价格便宜，可以进行组网，但接线稍微复杂点。在选用无线传输模块时，要对它的性质、优点和缺点进行权衡，选择最适合的那款。当需要短距离单向传输，433 无线传输模块是性价比较高的模块；若需要远距离传输，并且需要组网，一定要选用 nRF24L01+ 模块；若要实现较长距离点对点或一点对多点的传输，则可选用 APC220 模块。

表 1　三种无线模块对比

比较项 名称	传输 方向	价格区间 （元）	最远传输距离 （米）	优点	缺点
APC220	双向	150~230	1000	提供多个频道，能够透明传输仟意大小的数据； 可以实现一点对一点，一点对多点的通信； 发射端和接收端可以交换使用； 可以进行双向传输； 编程简单，应用领域广泛。	价格相对较贵。
433	单向	3~10	100	价格便宜。	不能进行双向传输； 发射端模块和接收端模块不能交换使用。
nRF24L01+	双向	7~40	2300	价格便宜； 传输速率高； 可以组树型甚至 Mesh 型网络。	远距离传输时速率会降低； 接线比较多，调试比较困难。

实验 2：检测 PIR 人体感应传感器

人类无线探测仪工作时，需要通过红外传感器来感受周围是否有人活动。实验中选用的是 PIR 人体感应传感器，使用前需要对它进行检测。

（1）电路连接

扫描二维码，查看 PIR 接入电路的过程。

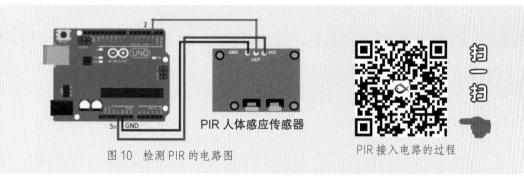

图 10　检测 PIR 的电路图

PIR 接入电路的过程

如图 10 所示，将 PIR 人体感应传感器的 GND、VCC 和 OUT 引脚分别与 UNO 主板的 GND、5V 和 2 号引脚相连 。

（2）代码编写

```
// 定义部分
int pirPin=2;
```

```
// 初始化部分
void setup()
{
 delay(200);
 Serial.begin(9600);// 串口初始化，设置串口的波特率为 9600
 pinMode(pirPin,INPUT);
 digitalWrite(pirPin,LOW);// 红外传感器感受到周围有人活动时，它的 OUT 引
// 脚会输出高电平，所以先给 pirPin 引脚低电平，等人的活动出现
}
// 主函数部分
void loop() {
 if(digitalRead(pirPin)==HIGH)
Serial.println("1");
 delay(500);
}
```

在定义部分，将 2 号引脚定义为 pirPin。

在初始化部分，设定 pirPin 引脚为输入引脚。当红外传感器感受到周围有人活动时，它的 OUT 引脚会输出高电平，所以一开始先给 pirPin 引脚低电平。

在主函数中，不断读取 pirPin 的值，若是高电平，说明红外传感器感受到周围有人活动，串口监视器输出 1。

（3）测试

根据电路图连接器件，将代码上传至 UNO 主板中。待代码上传完毕，打开并观察串口监视器。因红外传感器上的白色透镜的感应角度小于 100°，感应距离在 7 米以内，所以当红外传感器启动完毕并开始监测是否有人活动时，我们本身还处在红外传感器的监测范围内，此时串口监视器应该每隔一秒输出数字 "1"。扫描二维码，查看测试的效果。

测试效果

4. 详细设计

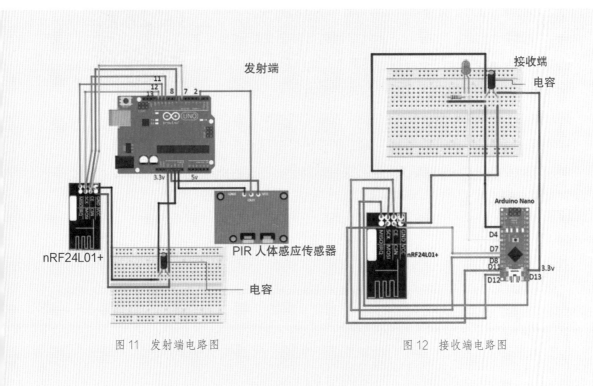

图 11　发射端电路图　　　　　　图 12　接收端电路图

人类活动无线探测仪详细设计图如图 11 和 12 所示，设计图分为发射端和接收端两个部分。

发射端：发射端的 UNO 主板分别与 PIR 人体感应传感器、nRF24L01+ 无线传输模块、电容相连。nRF24L01+ 模块的 GND 和 VCC 引脚通过电容（连接电容的注意事项参考本节"实验验证"）分别与 UNO 主板的 GND 和 3.3V 引脚相连（注意：连接 3.3V 引脚，而不是 5V 引脚），CSN 和 CE 引脚分别与 UNO 主板的 7、8 号引脚相连，MOSI、MISO 和 SCK 引脚分别与 UNO 主板的 11、12、13 号引脚相连。PIR 人体感应传感器的 VCC、GND 和 OUT 引脚分别与 UNO 主板的 5V、GND 和 2 号引脚相连。

接收端：接收端的 Nano 主板分别与 nRF24L01+ 无线传输模块、电容、LED 灯相连。nRF24L01+ 模块的 GND 和 VCC 引脚通过电容分别与 Nano 主板的 GND 和 3.3V 引脚相连，CSN 和 CE 引脚分别与 Nano 主板的 D7 和 D8 号引脚相连，MOSI、MISO 和 SCK 引脚分别与 Nano 主板的 D11、D12、D13 号引脚相连。LED 的正极与 Nano 主板的 D4 引脚相连，负极串联一个电阻后通过面包板与 Nano 主板的 GND 引脚相连。扫描二维码，查看发射端和接收端的接线过程。

接线过程

人类无线探测仪工作时，若发射端的红外传感器感受到周围有人活动，OUT 引脚输出高电平，电平值经过 UNO 主板处理，由 nRF24L01+ 无线传输模块发射出去。接收端 nRF24L01+ 模块接收到信号，由 Nano 主板负责处理。如果接收到的信号是"HIGH"，则为 LED 的正极引脚写入高电平，LED 被点亮；如果接收到的信号是"LOW"，则写入低电平，LED 熄灭。

5. 原型开发

(1) 代码编写

① 发射端代码

```
// 定义部分
#include <SPI.h>              // 调用库函数 SPI，SPI 是串行外设接口
#include <nRF24L01p.h>        // 调用库函数 nR24L01p
int pirPin=2;
nRF24L01p radio(7,8);         // 创建对象 radio，使用 UNO 主板上的 7、8 号引脚
// 初始化部分
void setup()
{
 delay(200);
 Serial.begin(115200);
 SPI.begin();                 // 开启串行外设接口
 SPI.setBitOrder(MSBFIRST);   // 设置传输数据的顺序，MSBFIRST 是最高位先传
 radio.channel(90);
 radio.TXaddress("Artur");    // 设置目标地址
 radio.init();                // 初始化 radio
 pinMode(pirPin,INPUT);
```

```
    digitalWrite(pirPin,LOW);

  }

// 主函数部分

void loop() {

String msg;

  if(digitalRead(pirPin)==LOW)

  {

   msg="LOW";

  }

  else

  {

   msg="HIGH";

  }

  radio.txPL(msg);

  radio.send(SLOW);// 以低速的方式传输数据 msg

  delay(1000);

  }
```

代码的定义部分调用了 SPI 和 nRF24L01p 两个库函数，SPI 是串行外设接口，它可以使 UNO 主板和外接设备使用串行的方式进行数据交换。同时还定义了 2 号引脚，创建了对象 radio。初始化部分主要对用到的 SPI 接口和 Serial 进行初始化，设置 pirPin 引脚的初始状态为 LOW。

主函数中定义了一个 String 类型的变量 msg，先利用 if() 函数判断 pirPin 引脚的状态，如果 pirPin 引脚的状态为 LOW，则将"LOW"字符串给变量 msg，否则将"HIGH"字符串给变量 msg。之后利用 radio.txPL() 函数将 msg 发送出去，并通过 radio.send() 函数设置发送的速度为低速，以低速传输，传输的距离会远一点。

② 接收端代码

```
// 定义部分
#include <SPI.h>                    // 调用库函数 SPI，SPI 是串行外设接口
#include <nRF24L01p.h>              // 调用库函数 nRF24L01p
int ledPin=4;
String message;
nRF24L01p radio(7,8)               // 创建对象 radio
// 初始化部分
void setup() {
 delay(200);
 pinMode(ledPin,OUTPUT);
 digitalWrite(ledPin,LOW);
 Serial.begin(115200);
 SPI.begin();
 SPI.setBitOrder(MSBFIRST);        // 设置高位优先传输
 radio.channel(90);
 radio.RXaddress("Artur");         // 设置目标地址
 radio.init();                     // 初始化 radio
}
// 主函数部分
void loop()
{
 if(radio.available())             // 判断是否读到数据
 {
  radio.read();                    // 读取数据
  radio.rxPL(message);             // 将数据存储到 message 中
  Serial.println(message);         // 将 message 在监视窗口中输出
  if(message.equals("LOW"))        // 判断 message 的值与 LOW 是否相等
```

```
    {
      digitalWrite(ledPin,LOW);                // 给 ledPin 写低电平
    }
    else if(message.equals("HIGH"))            // 判断 message 值与 HIGH 是否相等
    {
      digitalWrite(ledPin,HIGH);               // 给 ledPin 写高电平
    }
    message="";
  }
}
```

接收端代码的定义部分同样调用了 SPI 和 nRF24L01p 两个库函数，并创建对象 radio。初始化部分对 SPI 和 Serial 进行设置。

主函数部分首先利用 if() 函数判断是否有数据传入，如果有数据传入，则利用 radio. read() 读取传入的数据，然后利用 radio.rxPL(message) 将读取到的数据存入 meaasge 中。接着利用 meaasge.equals() 判断 message 的值与 LOW 和 HIGH 的关系。如果 message 的值等于"LOW"，则给 ledPin 引脚写入低电平，LED 不亮；如果 message 的值等于"HIGH"，则给 ledPin 引脚写入高电平，LED 被点亮。

（2）测试

测试时，根据条件选择两个房间，以下称为 A、B 房间。将带有红外探头的发射端器件放在 A 房间内。为 UNO 主板供电时，可以选择利用电池或者使用稳压电源，此处选择使用稳压电源的方式。需要注意的是，墙壁对 2.4GHz 信号有阻挡作用，所以，将带有 LED 的一端放入 B 房间时，要保证距离不能过远。测试时，一个人多次进出装有红外传感器的 A 房间，B 房间的人负责观察 LED 是否在有人进入 A 房间时点亮，没人时熄灭。扫描二维码，查看测试效果。

测试效果

6. 小结

通过制作人类活动无线探测仪，我们又学习了一种新的无线传输模块 nRF24L01+。

本节代码

它的功能强大程度可以与 APC220 相媲美，价格也比 APC220 便宜很多。由于 nRF24L01+ 模块可以进行组网，很适合家庭安防、植物养殖的自动监控这类需要多个探测器和无线组网的情景。但 nRF24L01p 库函数并不支持 nRF24L01+ 模块组网，因此要使用 Maniac Bug 的 RF24 类库。如果有兴趣，你可以尝试制作一个升级版的人类活动探测仪，让它可以同时探测 3 个房间内是否有人活动，这就需要用到 nRF24L01+ 模块的组网功能和 Maniac Bug 的 RF24 类库。

本章小结

本章主要学习运用了三种常见的无线传输模块：APC220模块、433模块和nRF24L01+模块。我们可以发现APC220模块的功能比较齐全，但是价格相对较贵；433模块价格便宜，但是传输距离相对较短，并且只能单向传输数据；nRF24L01+模块传输距离远，价格便宜，可以进行组网。对三种无线传输模块在传输方向、价格和优缺点上进行对比，形成表格（参见正文）。你可以根据项目的需求和条件选择最适合的传输模块。

无线传输模块的出现让我们的项目摆脱了必须要使用导线进行控制的束缚，给我们带来了更多的创作思路。每天早上，想要知道预订的牛奶有没有送到牛奶箱中，必须跑去看一下。如果在牛奶箱中安放一个超声波模块，在房间内安装一个蜂鸣器，当牛奶被放到牛奶箱中时，会触发超声波模块发射信号，信号通过无线传输的方式传输到房间内的UNO主板，触发蜂鸣器发声，报告牛奶到了。

在线交流

如果你制作出好的作品，可以扫描二维码，上传到本书网站，与更多人分享！也可以扫描二维码，查看已经上传的作品。

第五章 Arduino 多任务编程

当一块 Arduino 板上连接多个器件时，常常会遇到如何控制这些器件同时运行的问题。例如，一架遥控飞机上有三个舵机、一个电机和一个串口通信模块，如何能让舵机在转动的同时接收遥控器传来的数据呢？此时需要利用多任务编程的方式。本章将带领您学习如何使用一种简单有效的编程方法来实现一块 Arduino 板上的多任务处理。

第一节 一个 LED 和一个舵机

利用 Arduino 控制一个 LED，让其每隔半秒亮一次，或者控制一个舵机来回转动，这都是非常简单的任务，但若要让 LED 亮灭的同时，舵机仍在不停地转动呢？把 LED 代码和舵机代码放在一起就能实现吗？请动手尝试一下吧。

扫描二维码，查看电路的连接过程。

电路连接过程

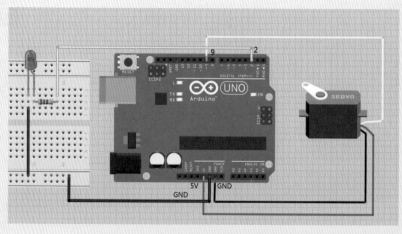

图 1　一个 LED 和一个舵机的接线图

代码

```
// 定义部分
#include<Servo.h>
Servo svo1;
int degree;
int direction;
// 初始化部分
void setup() {

    pinMode(2, OUTPUT);

    pinMode(9, OUTPUT);

    svo1.attach(9);

    degree = 10;

    direction = 1;

}
// 主函数部分
void loop()

{
// 每隔 500 秒点亮一次 LED
    digitalWrite(2, HIGH);

    delay(500);

    digitalWrite(2, LOW);

    delay(500);
// 若舵机的角度等于 170°, 则舵机的角度减 1°; 若舵机的角度等于 10°,
// 则舵机的角度加 1°
    if (degree == 170){ direction = -1;}

    elseif (degree == 10){ direction = 1; }

    if (direction==1)
```

```
        {

                degree = degree + 1;

        }

        if (direction == -1)

        {

                degree = degree - 1;

        }

        svo1.write(degree);

        delay(20);

    }
```

程序在运行时，在主函数中首先执行控制 LED 的代码，LED 点亮 500 毫秒，然后熄灭 500 毫秒；接着执行控制舵机的代码，舵机每转动一次，延时 20 毫秒。

扫描二维码，查看实验效果。

实验效果

运行上面的代码，发现舵机不会连续地转动。这是因为程序执行到控制 LED 的 delay() 函数时会停住，等到 delay 执行完成才会继续运行。那到底如何才能让 LED 亮灭的同时舵机也连续转动呢？

本节代码

第二节 用 millis() 解决程序停滞问题

程序停滞是一种常见的问题，解决程序停滞问题的关键是避免使用 delay() 函数，可以改用 millis 函数。这是因为 millis 函数可返回当前时间（以整数值形式）。这样，切换 LED 状态时用一个变量记下时间，然后每次执行 loop 时，只要判断当前时间点和前一次切换的时间差值是否不小于 500 毫秒。以下的程序用 millis() 函数替换 delay() 函数，同样实现了 LED 的亮灭切换。

代码：LED

```
// 定义部分
#include<Servo.h>
unsignedlong previousLedSwitch;
bool ledstate;
// 初始化部分
void setup() {
    pinMode(2, OUTPUT);
    previousLedSwitch = 0;
}
// 主函数部分
void loop()
{
// 当前时间点和前一次切换的时间差值大于等于 500 毫秒，点亮 LED
    if (millis() - previousLedSwitch >= 500)
    {
            ledstate = !ledstate;
            digitalWrite(2, ledstate);
            previousLedSwitch = millis();
    }
}
```

如果再加上舵机呢？将下面的代码载入 Arduino 试试看，舵机的转动还会卡住吗？

代码：LED+ 舵机

```
// 定义部分
#include<Servo.h>
unsignedlong previousLedSwitch;
bool ledstate;
Servo svo1;//new code
int degree;
int direction;
// 初始化部分
void setup() {
    // put your setup code here, to run once:
    pinMode(2, OUTPUT);
    previousLedSwitch = 0;

    pinMode(9, OUTPUT);//new code
    svo1.attach(9);//new code
    degree = 10;
    direction = 1;
}
// 主函数部分
void loop()
{
    // 当前时间点和前一次切换的时间差值大于等于 500 毫秒，点亮 LED
    if (millis() - previousLedSwitch >= 500)
    {
        ledstate = !ledstate;
        digitalWrite(2, ledstate);
```

```
            previousLedSwitch = millis();

    }


    if (degree == 170){ direction = -1; }
    else if (degree == 10){ direction = 1; }
    if (direction == 1)
    {
            degree = degree + 1;
    }
    if (direction == -1)
    {
            degree = degree - 1;
    }
    svo1.write(degree);
    delay(20);

}
```

　　经测试这个程序已经能够使 LED 和舵机同时工作了，但舵机的代码中依旧有 delay() 函数。能否同样使用 millis() 函数来消除舵机程序的停滞呢？扫描二维码，查看实验效果。

　　代码：LED+ 舵机 +millis() 函数

扫一扫

实验效果

```
// 定义部分
#include<Servo.h>
unsignedlong previousLedSwitch;
bool ledstate;
Servo svo1;//new code
```

```
int degree;

int direction;

unsignedlong previousServo;

// 初始化部分

void setup() {


    pinMode(2, OUTPUT);

    previousLedSwitch = 0;


    pinMode(9, OUTPUT);

    svo1.attach(9);//new code

    degree = 10;

    direction = 1;


    previousServo = 0;

}

// 主函数部分

void loop()

 {

// 当前时间点和前一次切换的时间差值大于等于 500 毫秒，点亮 LED

    if (millis() - previousLedSwitch >= 500)

    {

            ledstate = !ledstate;

            digitalWrite(2, ledstate);

            previousLedSwitch = millis();

    }

// 当前时间点和前一次切换的时间差值大于等于 20 毫秒，让舵机旋转 1°

    if (millis() - previousServo >= 20)
```

```
    {
            if (degree == 170){ direction = -1; }
            elseif (degree == 10){ direction = 1; }
            if (direction == 1)
            {
                    degree = degree + 1;
            }
            if (direction == -1)
            {
                    degree = degree - 1;
            }
            svo1.write(degree);
            previousServo = millis();
    }
}
```

主函数部分，首先利用 if() 函数判断当前时间点和前一次切换 LED 状态的时间点之间的关系，如果两次的时间差大于 20 毫秒，则让舵机旋转 1°。

本节代码

第三节　多个 LED 和多个舵机

扫一扫

上节的案例中，用 millis() 函数代替 delay() 函数，从而避免了程序的停滞，达到同时控制 LED 亮灭和舵机往复转动的目的。如果再增加一个 LED 和一个舵机，让 Arduino 同时控制 2 个 LED 和 2 个舵机，程序该如何修改呢？按照图 3 的连线图接好硬件，尝试自主编写代码。代码编写完成后，与

电路连接过程

下面提供的代码进行比较，检查自己的代码是否合适准确。扫描二维码，查看电路连接过程。

为避免两个舵机的用电需求超过 Arduino 可承受范围，可采用面包板供电模块为舵机单独供电。

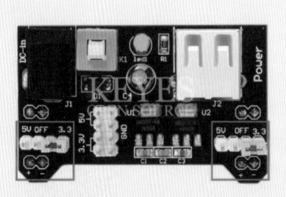

图 1　面包板供电模块

跳线帽

图 2　面包板供电模块连接方式

面包板供电模块如图 1 所示。它可以为面包板上的器件供电，兼容 5V 和 3.3V 电压，可以为器件提供 5V 或 3.3V 电压。若 5V 上两个引脚没有跳线帽，说明面包板供电模块是选择 5V 供电。使用时，只要将面包板供电模块按照图 2 插在面包板上即可。

注意：

1. 电路中，Arduino 和供电模块必须一起共地，即它们的 GND 引脚连在一起，否则舵机会抖动。

2. 面包板供电模块的电源通常是 12V 的稳压电源，但此处考虑到作图的方便，图 3 中画出的是电池组。

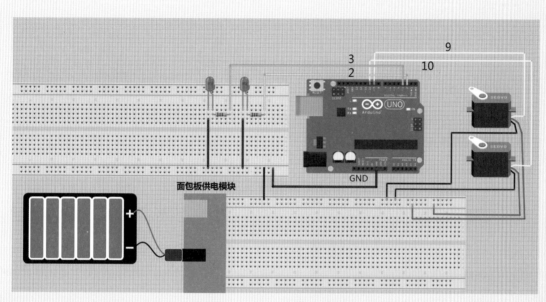

图 3　两个 LED 和两个舵机相连

代码

```
// 定义部分
#include<Servo.h>
unsignedlong previousLedSwitch1, previousLedSwitch2;
bool ledstate1, ledstate2;
Servo svo1,svo2;//new code
int degree1,degree2;
int direction1,direction2;
unsignedlong previousServo1,previousServo2;


// 初始化部分
```

```
void setup() {
    // put your setup code here, to run once:
    pinMode(2, OUTPUT);
    previousLedSwitch1 = 0;

    pinMode(9, OUTPUT);//new code
    svo1.attach(9);//new code
    degree1 = 10;
    direction1 = 1;

    previousServo1 = 0;

    pinMode(3, OUTPUT);
    previousLedSwitch2 = 0;

    pinMode(10, OUTPUT);//new code
    svo2.attach(10);//new code
    degree2 = 10;
    direction2 = 1;

    previousServo2 = 0;
}
// 主函数部分
void loop() {
    // 当前时间点和前一次切换的时间差值大于等于 500 毫秒，点亮 LED1
    if (millis() - previousLedSwitch1 >= 500)
    {
            ledstate1 = !ledstate1;
```

```
            digitalWrite(2, ledstate1);
            previousLedSwitch1 = millis();
    }
// 当前时间点和前一次切换的时间差值大于等于 500 毫秒，点亮 LED2
    if (millis() - previousLedSwitch2 >= 500)
    {
            ledstate2 = !ledstate2;
            digitalWrite(3, ledstate2);
            previousLedSwitch2 = millis();
    }
// 当前时间点和前一次切换的时间差值大于等于 20 毫秒，让舵机 1 旋转 1°
    if (millis() - previousServo1 >= 20)
    {
            if (degree1 == 170){ direction1 = -1; }
            elseif (degree1 == 10){ direction1 = 1; }
            if (direction1 == 1)
            {
                    degree1 = degree1 + 1;
            }
            if (direction1 == -1)
            {
                    degree1 = degree1 - 1;
            }
            svo1.write(degree1);
            previousServo1 = millis();
    }
// 当前时间点和前一次切换的时间差值大于等于 20 毫秒，让舵机 2 旋转 1°
    if (millis() - previousServo2 >= 20)
```

```
{
        if (degree2 == 170){ direction2 = -1; }
        elseif (degree2 == 10){ direction2 = 1; }
        if (direction2 == 1)
        {
                degree2 = degree2 + 1;
        }
        if (direction2 == -1)
        {
                degree2 = degree2 - 1;
        }
        svo2.write(degree2);
        previousServo2 = millis();
    }
}
```

尽管这段程序能够正常工作，但看上去显得非常杂乱。仔细观察这段代码会发现，除了变量名不同，两个 LED 对应的代码以及两个舵机对应的代码非常相似，基本上是重复的。这些重复代码很容易让程序变得混乱不堪。接下来我们要尝试如何将程序变得简单而整洁。扫描二维码，查看实验效果。

实验效果

本节代码

第四节　用 OOP 简化多任务程序

简化程序的思路与生活中简化问题的思路相同——把杂乱无章的东西分类处理。例如，将闪烁的 LED 归为一类，取名 BlinkLED；把来回转动的舵机归为一类，取名 SweepServo。这些类型的名称可以任意取。有了这两个类型之后，无论 LED 或舵机的数量是多少，类型始终只有两个。这也意味着程序只要考虑处理两个类型的对象即可。接下来看如何在程序中实现 BlinkLED 类型。

Tips

面向对象的程序设计（Object Oriented Programming， 简 称 OOP），是编程技术中对数据的分类办法。对象是类的实例，程序设计过程中通过创建类和对象来简化程序。OOP 的核心思想是通过抽象化来简化程序。

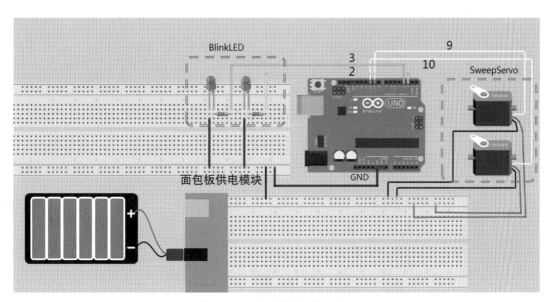

图 1　LED 类和舵机类的示意图

首先定义 BlinkLED 类型，也就是写一个 BlinkLED 类，把属于它的变量和函数都放入其中。接着可以用这个类型来声明新的变量，如同 int 类型可以有很多变量一样。由于每个变量都对应内存中一个具体的对象，所以要在 setup() 中为对象设置初始值。设置初始值完成后便可以在 loop() 中使用这些对象了。

代码：LED

```cpp
#include<Servo.h>

class BlinkLED
{
private:
    int _pin,_duration;
    unsignedlong _previousLedTime;
    bool _ledstate;
public:
    void begin(intpin)
    {
            _pin = pin;
            pinMode(_pin, OUTPUT);
            _previousLedTime = 0;
            _ledstate = LOW;
    }
    void SetDuration( intduration)
    {
            _duration = duration;
    }
    int GetDuration()
    {
            return _duration;
    }
    void Update()
    {
            if (millis() - _previousLedTime >= _duration)
```

```
            {
                        _ledstate = !_ledstate;

                        digitalWrite(_pin,_ledstate );

                        _previousLedTime = millis();

            }

    }

};

// 定义部分

BlinkLED led1,led2;

// 初始化部分

void setup() {

    led1.begin(2);

    led1.SetDuration(500);

    led2.begin(3);

    led2.SetDuration(200);

}

// 主函数部分

void loop() {

    led1.Update();

    led2.Update();

}
```

同样方式编写 SweepServo 类。

代码：LED+ 舵机

```
#include<Servo.h>


class BlinkLED    // bide
```

```
{
private:
    int _pin,_duration;
    unsignedlong _previousLedTime;
    bool _ledstate;
public:
    void begin(intpin)
    {
            _pin = pin;
            pinMode(_pin, OUTPUT);
            _previousLedTime = 0;
            _ledstate = LOW;
    }
    void SetDuration( intduration)
    {
            _duration = duration;
    }
    int GetDuration()
    {
            return _duration;
    }
    void Update()
    {
            if (millis() - _previousLedTime >= _duration)
            {
                    _ledstate = !_ledstate;
                    digitalWrite(_pin,_ledstate );
                    _previousLedTime = millis();
```

```
            }
        }
};
classSweepServo
{
private:
    int _pin;
    Servo _svo;
    int _degree;
    int _direction;
    unsignedlong _previousServoTime;
public:
    void begin(intpin)
    {
            _pin = pin;
            _svo.attach(_pin);
            _previousServoTime = 0;
            _degree = 10;
    }
    void Update()
    {
            if (millis() - _previousServoTime >= 20)
            {
                    if (_degree == 170){ _direction = -1; }
                    elseif (_degree == 10){ _direction = 1; }
                    if (_direction == 1)
                    {
                            _degree = _degree + 1;
```

```
                }
                if (_direction == -1)
                {
                        _degree = _degree - 1;
                }
                _svo.write(_degree);
                _previousServoTime = millis();
        }
    }
};


// 定义部分
BlinkLED led1,led2;
SweepServo svo1,svo2;
// 初始化部分
void setup() {
   led1.begin(2);
   led1.SetDuration(500);
   led2.begin(3);
   led2.SetDuration(200);


   svo1.begin(9);
   svo2.begin(10);
}
// 主函数部分
void loop() {
   led1.Update();
   led2.Update();
```

```
    svo1.Update();

    svo2.Update();

}
```

运行上面的代码，查看两个 LED 和两个舵机能同时工作吗？ setup() 和 loop() 函数是不是变得非常简单整洁？

本节代码

Tips

Arduino 程序中应避免使用构造函数，构造函数的名必须和类名相同，而其他方法则不能和类同名。构造函数只在创建类的实例时被调用一次，因此，一般用它来给实例成员赋初值。由于编译器的原因，构造函数的调用顺序不可预知，易造成对象初始化失败。所以，一般将构造函数改名，如改为 begin()，并在 setup() 中调用。

第五节　更高效的编程工具

Arduino 的官方 IDE 缺少一些高效编程工具必备的特性，如代码自动提示、设置程序断点等，使得用官方 IDE 编写较长的代码时会比较辛苦。这就类似于使用 Windows 的写字板可以输入较短的文章，但真正编辑长篇文章时，还得使用 Word 那样的实用软件。

为解决上述问题，这里推荐使用微软的 Visual Studio 和 Visual Micro 插件作为 Arduino 编程工具。Visual Studio 是微软开发的一款集成化编程工具，不仅支持各种编程语言，而且为程序员提供了较好的使用体验。Visual Micro 是可以安装在 Visual Studio 上的一个专门针对 Arduino 语言的插件，它的安装方式，可以扫描二维码查看。安装好之后，就能用它编写 Arduino 程序。如图 1 所示，当输入 Serial 对象名并按下 "." 号键，便会自动列出对象的所有成员。

图 1　Visual Studio 界面图

Visual Micro 插件的安装方式

Tips

Visual Studio 的 Community 版本可免费下载使用，并且微软的 DreamSpark 网站也为高校师生提供免费的专业版下载。Visual Micro 的下载和安装都是免费的，但断点调试功能有试用期，试用期之后需要付费，价格还比较合理。

　　Arduino 和一般计算机编程最大的不同在于调试。一般计算机程序可以停在指定的某一行，以便观察程序中各变量的状态（值），但 Arduino 程序不能单步执行，只好插入 Serial.print() 语句将变量值输出到串口窗来查看。Visual Micro 提供的调试功能可以直接显示变量值的变化，但这其实是通过自动插入 Serial 语句实现的，并非真正的硬件单步调试。

　　要想实现硬件单步调试，不仅要增加额外的硬件，还要了解底层硬件的寄存器等信息，所以绝大部分人都没有兴趣去钻研那些技术。正如人们学开车的意图是能驾车到某个地方去，而不是要造一辆汽车。学习使用 Arduino 的目的是实现各种控制，而不是研究单片机。简而言之，Visual Micro 是目前比较易用的 Arduino 编程工具。

本章小结

    本章主要通过同时掌控多个舵机和 LED 的案例，学习了多任务编程的方法。多任务编程可以解决用一块 Arduino 主板控制多个器件同时运行的问题。也介绍了如何利用 OOP 的方式简化多任务编程。随着一块 UNO 开发板上连接的器件越来越多，多任务编程的优点也越显著。后续章节中凡有遥检的项目，都可以采用多任务编程方法。

    本章主要是通过多任务编程的方式让舵机旋转时，点亮 LED。用这种方法能否设计一个有 3 个超声波探头的避障小车呢？你还有什么更好的想法吗？动手尝试一下吧！

    如果你制作出好的作品，可以扫描二维码，上传到本书的网站，与更多人分享。也可以扫描二维码，查看已经上传的作品。

在线交流

第六章　遥控小车

Arduino 能够控制电机转动，能够无线传输数据，能不能用它来制作一辆遥控车呢？本章中，我们将尝试制作一辆遥控小车，利用无线串口透传模块实现遥控小车的前进、后退、加速、减速、转弯等功能。

第一节　初步设计

1. 总体概念图

小车由遥控器和车身两个部分组成，如图 1 所示。

图 1　初步设计图

（1）车体结构与电控系统

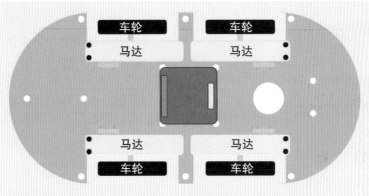

图 2　车体结构图

初步设计遥控小车的车体底板如图 2 所示。小车上共有四个车轮，当四个车轮转动的速度和方向相同（假设车轮正向转动）时，小车将向前行驶。小车向前行驶的过程中，若其右侧的两个轮子转速减慢，小车将实现右转弯；同理，小车左侧两轮子转速减慢，小车将实现左转弯。

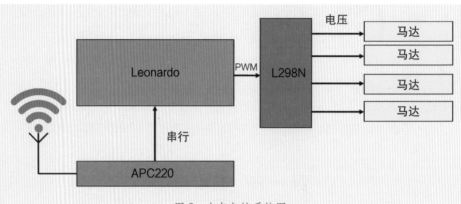

图 3　小车电控系统图

小车的电控系统如图 3 所示，APC220 用于接收遥控器发出的数据。Arduino 开发板不能直接控制小车电机的转动，要通过 L298N 驱动板驱动马达旋转方向和转速。

Tips

Leonardo 主板是 Arduino 主板的一种类型，它在使用上和 UNO 主板类似，但在有些代码书写上会有所不同。例如串口输出时，若使用的是 UNO 主板，那么串口输出使用 Serial.print()；若是 Leonardo 主板，那么串口输出就要使用 Serial1.print()。

（2）遥控器结构

由于遥控器要控制小车的速度和方向，所以要有两个遥控杆（常称遥杆），一个控制小车的速度，一个控制小车的方向。遥控杆传出的变化的电阻值，并不能直接发送并控制小车，而是需要通过 UNO 主板，将模拟信号转化为方向和速度数据，通过 APC220 模块将遥控命令字符串发送出去。

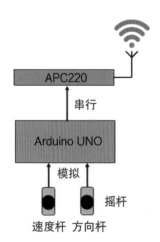

图 4　遥控器控制系统图

2. 概要设计

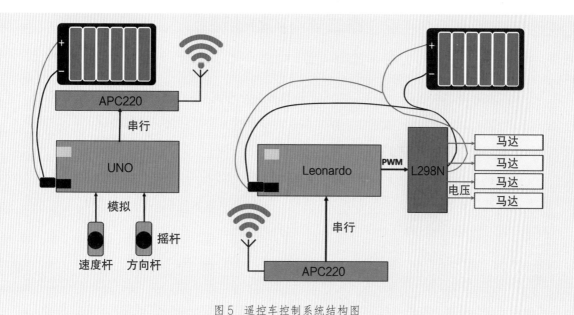

图 5　遥控车控制系统结构图

　　根据上述考虑，现将小车和遥控器的初步设计图拼合在一张设计图上，再为遥控器和小车添加电源，于是一个遥控小车系统的初步设计就完成了。当遥控小车工作时，推动速度杆，它的电阻值传送给 UNO 主板，UNO 主板将其处理成字符串，通过 APC220 模块发射出去。小车的 APC220 模块接收到串行数据后，将数据传输给 Leonardo 主板，Leonardo 主板将数据转化为 PWM 信号输出给驱动板，通过驱动板控制小车四个马达的转速。同理，推动方向杆时，模拟信号通过相同的处理传送给马达的驱动板，通过减弱某一侧两个马达的转速，达到控制小车方向的目的。例如，要让正在行驶的小车向左转，只需减小小车左边马达的转速即可。

第二节　实验验证

从遥控小车的初步设计中可以看出，制作遥控小车需要的主要器件有 L298N 驱动板、APC220 模块和摇杆。在正式搭建电路之前，需要对这三个器件进行测试验证。

1. L298N 驱动板和马达的检测

马达的作用是带动小车的车轮旋转，使小车能够运动。马达通过 L298N 驱动板驱动小车改变速度和转动的方向。因此，马达和 L298N 驱动板这一组合的有效与否决定了遥控小车能否行驶。测试时马达先转动 1s，然后加速转动。

（1）电路连接

测试电路图如图 1 所示。L298N 驱动板是一种马达驱动板，利用它可以控制马达的转速和方向。根据电路图连接器件。L298N 驱动板是连接 Leonardo 主板和马达的"桥梁"，

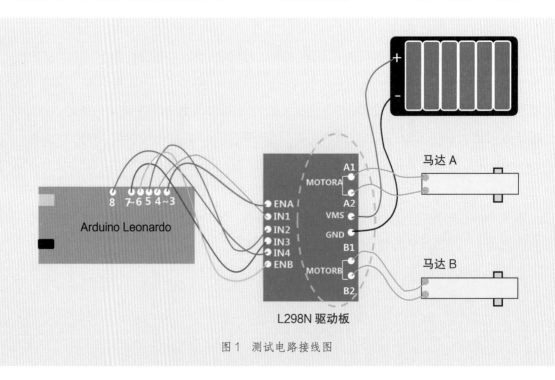

图 1　测试电路接线图

先连接 Leonardo 主板和 L298N 驱动板，将 L298N 驱动板的 ENA 和 ENB 引脚分别与 Leonardo 主板的 3 号和 6 号 PWM 引脚相连；IN1、IN2、IN3、IN4 分别与 Leonardo 主板的 4、5、7、8 引脚相连。再连接 L298N 驱动板和马达，将 L298N 驱动板上的 MOTORA 的两个

引脚与马达 A 的两个引脚相连，MOTORB 的两个引脚与马达 B
的两个引脚相连。最后将电池盒的正极接 VMS 引脚，负极接
GND 引脚。扫描二维码，查看电路连接过程。

电路连接过程

电路工作时，IN1、IN2 控制马达 A 的方向，IN3、IN4 控
制马达 B 的方向；ENA 控制马达 A 的速度，ENB 控制马达 B
的速度。

（2）代码编写

```
// 定义部分
#define ENA 3
#define IN1 4
#define IN2 5
#define ENB 6
#define IN3 7
#define IN4 8
// 初始化部分
void setup()
{
pinMode(ENA,OUTPUT);
pinMode(IN1,OUTPUT);
pinMode(IN2,OUTPUT);
pinMode(ENB,OUTPUT);
pinMode(IN3,OUTPUT);
pinMode(IN4,OUTPUT);
}
// 主函数部分
void loop()
{
digitalWrite(IN1,HIGH);
```

```
digitalWrite(IN2,LOW);

digitalWrite(IN3,HIGH);

digitalWrite(IN4,LOW);

delay(1000);

for(int i=120;i<200;i++)

{

digitalWrite(IN1,HIGH);

digitalWrite(IN2,LOW);

digitalWrite(IN3,HIGH);

digitalWrite(IN4,LOW);

digitalWrite(ENA,i);

digitalWrite(ENB,i);

delay(200);

}

}
```

在代码的主函数部分，首先利用 digitalWrite() 函数给 IN1 和 IN3 引脚写入高电平，IN2 和 IN4 引脚写入低电平，使两个马达发生转动；接着利用 delay() 函数使转动的状态持续 1s；利用 for() 循环每隔 0.2s 为 ENA 和 ENB 引脚写入不同的 PWM 信号，这样使得马达的转速越来越快。简而言之，程序首先给 IN1~IN4 不同的电平值，让马达发生转动，接着利用 for() 循环改变马达转动的速度。

（3）测试

马达的转动方向由两个因素决定，一是 IN1~IN4 的电平值；二是马达的两个引脚与 MOTORA/MOTORB 的连接。测试之前无法确定马达的转动方向，连接电路时只要将马达 A 的两个引脚与 L298N 驱动板上的 MOTORA 的两个引脚相连，先不必区分马达 A 的哪个引脚应该和 MOTORA 的哪个引脚相连。马达 B 与 MOTORB 相连亦同理。

电路连接完毕后，将代码上传至 Leonardo 主板。这时可以看到马达转动，观察马达的转动方向和速度是否在转动 1s 后发生改变，并且越转越快。如果两个马达的转动方向不相同，就要调整其中一个马达与 L298N 的连线，将两个引脚的连线对调。接着观察两个马达的转动方向是否达到相同，如果相同，记下马达的转动方向，并在 L298N 驱动板和马达的两个引脚线上做标记。同理去测试另外两个马达，最终确保四个马达的转动方向相同。扫描二维码，查看实验效果。

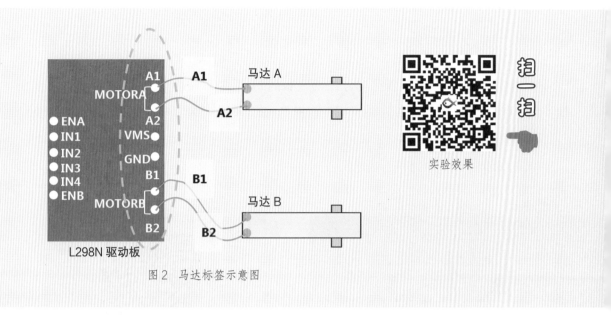

图 2 马达标签示意图

2. APC220 模块检测

参考第四章第一节中 APC220 模块检测实验。

3. 摇杆检测

遥控小车的方向杆和速度杆可以采用摇杆来制作，摇杆的内部是一个 10K 的双向电阻，电阻输出的模拟信号范围是 0~1023。当摇杆处于中间位置时，摇杆的输出值应该为（511.5,511.5），由于摇杆质量的原因，不同摇杆中间位置的输出值不尽相同。

图 3 摇杆实物图

考虑到后续代码中要用到摇杆的中间值，因此，需要对摇杆进行测试。摇杆的实物图如图 3 所示，它可以将手动的机械位置转化为电阻值。随着摇杆的推动方向不同，电阻的大小会随之发生变化。

将摇杆如图 4 摆放，此时摇杆的竖直方向对应的是摇杆的 VRX 引脚，简称 X 轴；水平方向对应的是 VRY 引脚，简称 Y 轴。这与数学坐标轴没有关系，仅

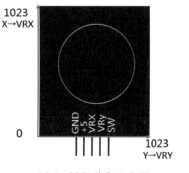

图 4 摇杆引脚示意图

是为了方便称呼，人为设定。

摇杆工作时，沿 X 轴向上推动摇杆，VRX 引脚的输出值会增大，沿 X 轴向下推动摇杆，VRX 引脚的输出值将减小；沿 Y 轴向右推动摇杆，VRY 引脚的输出值会增大，沿 Y 轴向左推动摇杆，VRY 引脚的输出值将减小。

（1）电路连接

测试摇杆的电路如图 5 所示。摇杆的四个引脚分别与 UNO 主板的相应引脚相连。其中摇杆的 +5V 和 GND 引脚分别与 UNO 主板的 5V 引脚和 GND 引脚相连，VRX、VRY 引脚分别与 UNO 主板的 A0、A1 模拟引脚相连。工作时，推动摇杆产生的信号通过 VRX、VRY 两个引脚传输给 UNO 主板，经过 UNO 主板的处理，最后在电脑的监视窗口中输出。扫描二维码，查看电路的连接过程。

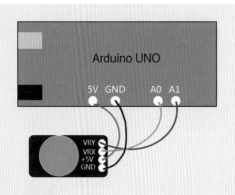

图 5　摇杆接线图

（2）代码编写

```
// 定义部分
int xpin=A0;
int ypin=A1;
int xcount=0;
int ycount=0;
// 初始化部分
```

```
void setup()
{
 Serial.begin(9600);
pinMode(xpin,INPUT);
pinMode(ypin,INPUT);
}
// 主函数部分
void loop()
{
xcount=analogRead(xpin);
ycount=analogRead(ypin);
Serial.print("xpin=");
Serial.println(xcount);
Serial.print("ypin=");
Serial.println(ycount);
delay(500);
}
```

　　代码的定义部分对实验中用到的引脚和变量进行定义,因为摇杆传输的是模拟信号,所以这里定义的是模拟引脚 A0 和 A1。

　　主函数部分首先利用 analogRead() 函数分别读取 xpin 和 ypin 的引脚值,然后利用 Serial.println() 函数分别将 xpin 和 ypin 的模拟信号值输出。

　　对代码进行验证,验证成功后将代码上传至 UNO 主板。待代码载入 UNO 主板后,点击编译窗口的监视窗口,然后,分别沿 X 轴、Y 轴的方向推动摇杆,观察监视窗口的数据变化。

　　经过多次尝试会发现,当摇杆处于中间位置时,监视窗口输出的值并不是计算得到的中间值(511,511),而是(532,540)。这是摇杆的制作精度引起的,不影响正常使用。当然,如果摇杆的中间值能接近(511,511),那就更好啦! 实验中,可以通过测试选择中间值接近（511,511）的摇杆。扫描二维码，查看实验效果。

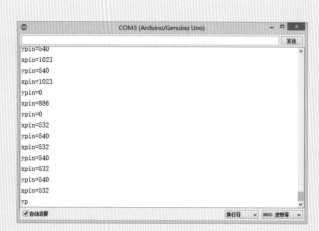

图6 摇杆的串口输出结果

实验效果

第三节 详细设计

前面环节确定了制作遥控小车所需的器件，对器件进行了测试，也了解了器件的连接方式。接下来要对初步设计中提出的电路进行细化，确定组成遥控小车的各个器件的详细连接方式。

1. 器件连接

扫描二维码，查看发射端和接收端电路的连接过程。

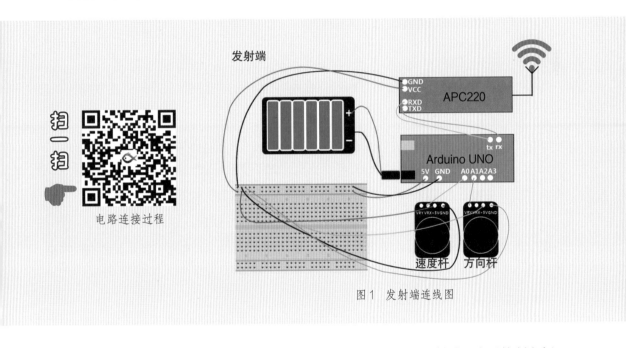

图1 发射端连线图

经过详细设计后，发射端的电路图如图1所示。在遥控器的发射端，为了控制方便，使用了两个摇杆，标记其中一个为速度杆，另一个为方向杆。速度杆的 VRX 引脚与 UNO 主板的 A0 引脚相连，GND 引脚和 +5V 引脚通过面包板分别与 UNO 主板的 GND 和 5V 引脚相连。同理连接方向杆，将方向杆的 VRY 引脚与 UNO 主板的 A1 引脚相连，GND 引脚和 +5V 引脚分别与 UNO 主板的 GND 和 5V 引脚相连。接着，将 APC220 模块（已设置好参数，其参数的设置方法可参考第四章的"串口无线透传模块"）与 UNO 主板相连，其中 APC220 模块的 TXD 引脚接 UNO 主板的 RX 引脚，RXD 引脚接 UNO 主板的 TX 引脚，GND 引脚和 VCC 引脚分别通过面包板与 UNO 主板的 GND 引脚和 5V 引脚相连。

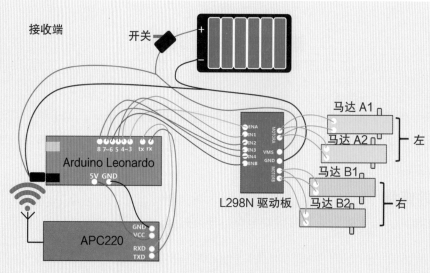

图 2 接收端连线图

遥控器的接收端电路图如图 2 所示。首先将 L298N 驱动板与 Leonardo 主板相连，其中 L298N 驱动板的 ENA 引脚和 ENB 引脚分别与 Leonardo 主板的 3 号和 6 号引脚相连，IN1、IN2、IN3、IN4 引脚分别与 Leonardo 主板的 4,5,7,8 号引脚相连。将已经测试并做过标记的马达分别与 L298N 驱动板的 MOTORA 和 MOTORB 两个引脚相连。接着为接收端添加无线遥控装置 APC220 模块（已设置好参数），连接方式同发射端。

最后需要考虑如何给整个系统进行供电。根据器件性能，电路需要的电源电压在 7~9V，因此，可以选择能装六节电池的电池盒（带一组导线）。电源一部分要给主板供电，需要一个电源插头；一部分为 L298N 驱动板供电，需要一组导线（简称 A 组导线）。为了方便控制电源，需要给电源接上一个开关。

图 3 带导线的电池盒   图 4 电源插头   图 5 开关

连接电池盒时，先将接在电池盒上的正极导线剪成两段，两段导线分别焊接在开关的两个脚上。焊接完成后，将电源插头的正极、电池盒接线的正极和 A 组导线正极的绝缘层剥离，将裸露的导线拧成一股，并利用焊锡焊接在一起，然后缠上绝缘胶带。用同样的方式处理电源插头的负极、电池盒接线的负极和 A 组导线的负极。供电系统焊接完成的实物图如图 6 所示。最后将 A 组导线的正极与 L298N 驱动板的 VMS 相连，A 组导线的负极与 L298N 驱动板的止极相连。

注意：当需要从电池盒引出电源为多个器件供电，可考虑制作一块配电板。

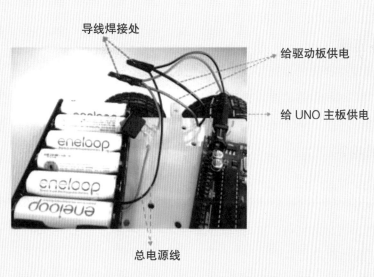

导线焊接处

给驱动板供电

给 UNO 主板供电

总电源线

图 6　电源系统焊接的实物图

2. 控制原理

推动速度杆时，它的模拟信号通过 A0 模拟引脚，传送 UNO 主板，在 UNO 主板处理后转化为串行信号，通过 TX 和 RX 引脚传递给 APC220 模块，由其将串行信号发射出去。接收端的 APC220 模块接收到串行信号，通过 TXD 和 RXD 引脚将串行信号传输给 Leonardo 主板处理转化为 PWM 信号，再经过 3 号和 6 号 PWM 引脚输出给 L298N 驱动板的 ENA 和 ENB 引脚，进而控制四个马达的转速。

向左推动方向杆时，它的模拟信号经过 UNO 主板的 A1 引脚进入 UNO 主板，后者将之处理成串行信号后，经过 APC220 模块发射出去。遥控小车的接收端接收到串行信号后，将其传输至 Leonardo 主板，经 Leonardo 主板处理后，传输给 L298N 驱动板，进而减小遥控小车左边两个轮子的速度，这样遥控小车就会向左转弯。同理，向右摆动方向杆时，通过 L298N 驱动板会减小右边两个轮子的速度，使得遥控小车向右转弯。

第四节　原型开发

设计工作完成之后，需要进行原型搭建。所谓原型是指车的电控部分，不包括车架、轮子等承载部分。原型搭建时，主要是根据详细设计的器件连接图，将组成小车的器件连接起来，然后编写和调试遥控车的代码。

1. 电路连接

根据详细设计部分的遥控车电路图将组成遥控小车的器件连接起来。连接时可以以 UNO 主板为中心对其他器件进行连接。需要注意，与 UNO 主板相连接的电源先不要插入 Arduino 电源的插孔中，只有在最后对代码进行测试时才需要连通电源。

2. 代码编写

遥控小车的整体架构分为遥控器端和小车端两个部分。因此首先编写遥控器代码，然后再编写小车代码，这样便于测试。本实验将使用 Leonardo 处理板，它的 TX/RX 串口用 Serial1 以外，其他方面与 UNO 主板并无差异。

（1）发射端代码

遥控器是遥控小车的发射端，它的代码主要是实现将摇杆输出的模拟信号处理成字符串，并通过串口通信的方式发送出去。

```
// 定义部分
int xpin=A0;
int ypin=A1;
int xcount=0;              //xcount 用于存储当前读取的 xpin 引脚的值
int xcountPrev=0;          //xcountPrev 用于存储上一个 xpin 引脚的值
int ycount=0;              //ycount 用于存储当前读取的 ypin 引脚的值
int ycountPrev=0;          //ycountPrev 用于存储上一个 ypin 引脚的值
// 初始化部分
void setup()
{
```

```
Serial.begin(9600);
pinMode(xpin,INPUT);
pinMode(ypin,INPUT);
}
// 主函数部分
void loop()
{
xcount=analogRead(xpin);
ycount=analogRead(ypin);
if(!compare(xcount,xcountPrev))  // 利用 compare() 函数比较当前 xpin 引脚的值
// xcount 与 xpin 引脚的上一个值 xcountPrev 是否相同
{
String val=String(xcount);   // 将当前 xcount 的值转化为 String 格式存入 String 变
// 量 val 中
  val="T"+val;             // 为 val 变量加上标志量的"T"
val=fillup(val);           // 利用 fillup() 将 val 的长度填满至 7 个字符
Serial.println(val);        // 利用串口输出的方式将 val 输出
xcountPrev=xcount;         // 将 xcount 的值赋值给 xcountPrev
}
if(!compare(ycount,ycountPrev)) // 利用 compare() 函数比较当前 xpin 引脚的值
// xcount 与 xpin 引脚的上一个值 xcountPrev 是否相同
{
String val=String(ycount);   // 将当前 ycount 的值转化为 String 格式存入 String 变
// 量 val 中
  val="X"+val;             // 为 val 变量加上标志量的"X"
val=fillup(val);           // 利用 fillup() 将 val 的长度填满至 7 个字符
 Serial.println(val);        // 利用串口输出的方式将 val 输出
 ycountPrev=ycount;         // 将 ycount 的值赋值给 ycountPrev
```

```
  }
  delay(100);
}
// 自定义函数 fillup()
String fillup(String cmd)
{
if(cmd.length()<7)              // 判断 cmd 的字符长度是否小于 7
  {
    for(int i=cmd.length();i<7;i++)    // 利用 for() 为 cmd 补足"X"至字符长度为
// 7 位
    {
     cmd+="X";
    }
  }
  return cmd;              // 返回补足"X"后的 cmd
}
// 自定义函数 compare()
bool compare(int x, int y)    // 利用 compare() 函数将 x 值与 y 值进行对比
{
 if(abs(x-y)<=1)
 {
  return true;
 }
 else
 {
  return false;
 }
}
```

发射端的代码有五个部分组成：定义部分、初始化部分、主函数部分及两个自定义函数 fillup() 和 compare()。

主函数中首先利用 analogRead() 函数读取 xpin 和 ypin 的引脚值，然后执行 if() 函数。执行 if() 函数时，先对 if() 的条件进行判断。这里 compare() 是自定义函数，执行 compare() 函数是去判断当前读取的 xpin 引脚值与上一个 xpin 引脚值是否相同，避免发送重复指令。如果不相同，返回执行 if() 函数，在 if() 函数中先将 xpin 引脚的数值 xcount 转化为 string 类型，再为 xcount 添加标志量 "B"，添加标志量是为了接收端的程序能够判断传输过来的是速度信息还是方向信息。接着利用 fillup() 函数将 xcount 值的长度补足到 7 位，利用串口传输的方式将补足后的 xcount 值发送出去，最后将 xcount 值存入 xcountPrev 中。同理，对于 ypin 引脚的值 ycount 也是如此。

（2）发射端测试

拔掉发射端 APC220 模块与 UNO 主板相连的 TX 和 RX 引脚，利用 USB 数据线将 UNO 主板与电脑相连，对发射端的代码进行验证，上传。将接收端的 APC220 模块拆下来与 USB 转换器相连，插在电脑的 USB 端口上。打开 Arduino IDE 的串口监视器，推动方向杆和速度杆，可以看到串口监视器中的数据变化。扫描二维码，查看实验效果。

（3）接收端代码

遥控小车的接收端是小车，代码主要功能是接收小车的遥控端传输的数据，然后，

实验效果

图 1　数据变化图

对数据进行分析，判断接收到的数据是"指挥"接收端代码改变小车速度，还是改变小车方向。

```
// 创建类 Reciever
class Reciever
{
    ……
};
// 定义部分
int dir1PinA=4;int dir2PinA=5;int speedPinA=3;
int dir1PinB=7;int dir2PinB=8;int speedPinB=6;          // 定义用到的引脚
int throttleValue=0;int turnValue=0;                    // 定义程序中用到的变量
Reciever reciever;              // 创建 reciever 实例
char command[9];                // 定义一个 char 型数组 command[9]
// 初始化部分
void setup()
{
 Serial1.begin(9600);           // 初始化串口
while(!Serial1)
{
}                               // 利用 while() 函数判断是否接收到数据

pinMode(dir1PinA,OUTPUT);
pinMode(dir2PinA,OUTPUT);
pinMode(speedPinA,OUTPUT);

pinMode(dir1PinB,OUTPUT);
pinMode(dir2PinB,OUTPUT);
```

```
pinMode(speedPinB,OUTPUT);

delay(500);
digitalWrite(dir1PinA,HIGH);
digitalWrite(dir2PinA,LOW);
digitalWrite(dir1PinB,HIGH);
digitalWrite(dir2PinB,LOW);


}          // 初始化引脚的模式和引脚的状态
// 主函数部分
void loop() {
 reciever.Update();
   if(reciever.IsMessageComplete()==true)
   {
          strncpy(command,reciever.GetMessage(),9);
        interpreter(command);
   }
}          // 主函数主要获取发射端传输的数据
// 自定义函数 interpreter()
void interpreter(char* msg)
{
 //Serial1.println(msg); // 测试时观察收到的遥控指令
 for(int i=0;msg[i]!='X'&&i<=9;i++)
 {

  if(msg[i]=='T')
  {
```

```
        int value=extractValue(i,msg);

        Throttle(value);

       }

      else if(msg[i]=='B')

      {

        int value=extractValue(i,msg);


        Turn(value);

       }

      }

     }

// 自定义函数 Throttle()

void Throttle(int value)

{


 int t=value;

 t=map(t,512,1023,0,250);

 throttleValue=t;

 UpdateCar();

}

// 自定义函数 Turn()

void Turn(int value)

{

 turnValue=value;

 UpdateCar();

}

// 自定义函数 UpdateCar()

void UpdateCar()
```

```
{
  if(turnValue!=513)
  {
    float turnRate=1.0-abs(turnValue-513)/513.0;
    if(turnValue-513>0)
    {
      analogWrite(speedPinA,throttleValue*turnRate);
      analogWrite(speedPinB,throttleValue);
    }
    else if(turnValue-513<0)
    {
      analogWrite(speedPinA,throttleValue);
      analogWrite(speedPinB,throttleValue*turnRate);
    }
    else
    {
      analogWrite(speedPinA,throttleValue);
      analogWrite(speedPinB,throttleValue);
    }
  }
}
// 自定义函数 extractValue()
int extractValue(int startIndex,char* msg)
{
  String v="";
  int j=startIndex+1;
  for(;msg[j]>='0'&&msg[j]<='9';j++)
  {
```

```
  v+=msg[j];
  }
  return v.toInt();
  }
```

完整代码

遥控车接收端的代码比较长，但理解起来并不是很困难。程序由一个串口接收类、定义部分、初始化部分、主函数部分和五个自定义函数 interpreter()、Throttle()、Turn()、UpdataCar()、extractValue() 组成。

有关类部分的内容，扫描二维码可在网站上找到带有类的完整代码。

在代码的初始化部分，由于接收端使用的是 Leonardo 主板，所以使用 Serial1.begin() 进行串口的初始化。若使用的是 UNO 主板，则需要使用 Serial.begin() 进行初始化。后续的程序中有类似情况，也采用这样的方式处理。接着，利用 while() 函数判断串口是否有数据传入，若有数据传入，就对用到的 Leonardo 引脚进行初始化。

在主函数中，利用 if() 函数判断是否有数据传入，若有数据传入，则将 reciever.GetMessage() 获得的数据存放至 command 中，然后调用 interpreter() 函数对数据 command 进行解析。这样程序的执行就跳转到自定义函数 interpreter() 中。

在自定义函数 interpreter() 函数中，先利用 for() 循环对 command 中的每一个字符进行检查，若 command 中出现字符"T"，说明 command 命令是用于控制小车速度的，需要执行 extractValue() 函数。程序将取出 command 中的数值部分，调用函数 Throttle()，进而调节小车的速度。若 command 中出现字符"B"，说明 command 命令是用于控制小车方向的，需要执行 extractValue() 函数。程序将取出 command 中的数值部分，调用函数 Turn()，进而调节小车的方向。

（4）接收端测试

在完整电路图基础上拔掉 APC220 模块与 Leonardo 主板相连的 TX 和 RX 引脚，将接收端的代码上传至 Leonardo 主板上。将另一个 APC220 模块与 USB 转换器相连后，插到电脑的 USB 接口上。

打开串口调试助手，在输入框中输入以字母"T"开头，"X"结尾的字符，例如"T340X"，可以看到四个马达以相同的速度旋转；在输入框中输入以字母"B"开头，"X"结尾的字符，例如"B600X"，可以看到四个马达中的两个马达的转速发生改变。扫描二维码，查看实验效果。

实验效果

3. 整体测试

原型的器件和代码一切准备就绪。先将遥控端的代码上传至遥控端的 UNO 主板，在上传前将接在 UNO 主板的 TX 引脚和 RX 引脚的跳线拔下，等到上传后，再将 TX 引脚和 RX 引脚的跳线接上。同样的方法，将小车端的代码上传至 Leonardo 主板。

实验效果

待代码上传完成后，在四个马达上粘贴一条窄纸片，推动方向杆，观察马达上纸片的转速，接着再次推动方向杆观察四个马达的转速变化。

第五节　承载平台选择

1. 车架的选择

我们已成功搭建了小车的原型，实现了小车的基本功能。下一步需要为小车选择一个平台，将原型的内容放在承载平台上，构成一个真正的遥控小车。这里选择的承载平台有两个基本支架：顶面和底面，其上有很多孔洞，它们是根据摆放器件的需要而预设的。

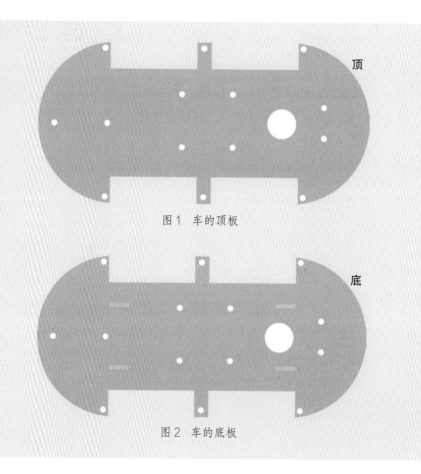

顶

图 1　车的顶板

底

图 2　车的底板

2. 车的器件布局和总装

（1）器件布局

器件摆放的规划如图 3 和图 4 所示。电池盒、Leonardo 主板、面包板固定在顶板上，马达和驱动板固定在底板上。

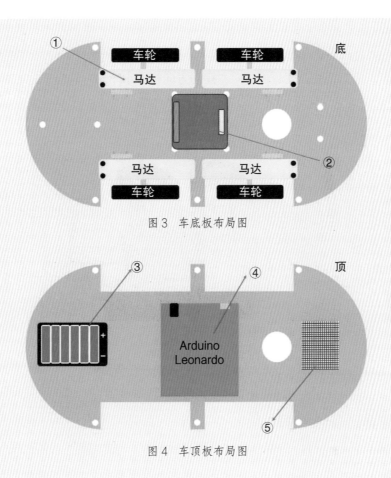

图3 车底板布局图

图4 车顶板布局图

（2）车的总装

有关器件在承载平台上的摆放规划已完成。下一步是要将器件固定在承载平台上。

① 在固定小车端的时候，先用螺丝将马达固定在车底板上，固定时要注意马达接线的方向，不要将马达的接线端方向固定反了，接着安装车轮。

② 利用螺丝将L298N驱动板固定在车底板上，将做过标记的马达和L298N驱动板进行连接，注意导线不要接反。

③ 利用螺丝将电池盒固定在顶板上，将电源中一组导线的正极、负极分别与L298N驱动板的VMS引脚和GND引脚相连。

④ 利用螺丝将Leonardo主板固定在小车顶板上。

⑤ 利用双面胶将面包板固定在小车顶板上，将APC220模块插入面包板，然后连接Leonardo主板和APC220模块。

⑥ 利用铜柱将小车顶板和底板拼合在一起，连接Leonardo主板和L298N驱动板。

⑦ 往电池盒中装入电池，小车的电源插孔插到 Leonardo 主板上，打开小车电源的开关。将发射端的电源插到 UNO 主板上，向前推动遥控器的速度杆，小车获得向前的速度，推动幅度越大，小车行驶速度越快。向左摆动方向杆，小车向左转弯；向右摆动方向杆，小车向右转弯。

建议不要让器件伸出车体外，避免被撞坏。

图 5　小车的实物图

3. 遥控器的器件布局

小车的遥控器外壳可以根据自己的需要进行制作。这里提供一种方法，采用一个双层的纸盒做遥控器的外包装。在纸盒的中间放上一块硬纸板，将纸盒隔成上下两层。它的俯视图和左视图如图 6 和图 7 所示。在纸盒的上方开一个孔，方便固定 APC220，在纸盒的中间隔板上开一个小孔，方便跳线的连接。

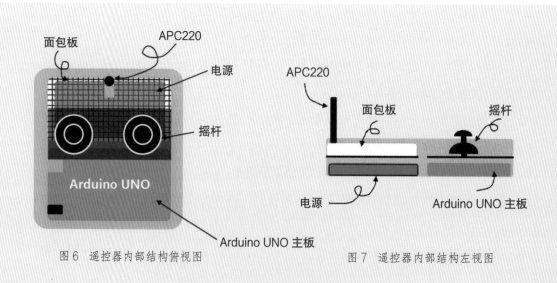

图 6　遥控器内部结构俯视图　　　　图 7　遥控器内部结构左视图

为加强固定作用，可以用泡沫胶将两个摇杆粘贴在硬纸板上，将面包板、UNO 主板和 APC220 模块粘贴在纸盒的底部。

图 8　遥控器的实物图

至此完成遥控小车的制作。接下来可以组织一场小型竞技赛，人手一辆遥控小车，看谁率先到达指定地点。或者设置一个迷宫寻宝的任务，看谁能遥控自己的小车出入迷宫。扫描二维码，查看实际效果。

 Tips

有多辆车的情况下，需要将 APC220 设置为不同的参数，以免相互干扰。

实际效果

本章小结

本章代码

　　本章主要讲解了如何制作一辆遥控小车。在此过程中发现，遥控小车其实是由电子硬件＋程序代码＋承载平台三层叠加而成。通过分功能模块的设计、尝试、改进和测试，最终将整个想法变成了现实。平时生活中遇到一些废旧的电动车、坦克模型等，它们都是很好的改装材料，注意多多收集哦。

　　在本章的引言部分，计划是制作一辆可以实现前进、后退、左转和右转的遥控小车。你一定发现，最后完成的遥控车没有后退的功能。这是因为在遥控车接收端的代码中并没有控制遥控小车后退的代码，你能将这部分代码补充完整，让小车能够后退吗？

在线交流

　　扫描二维码，将你的代码上传到本书的网站与大家共享吧！你还可以扫描二维码，查看已上传的代码。

第七章 遥控战列舰

在前一章制作遥控小车的基础上，本章将制作一艘遥控船。它有战列舰的外形，可以在水面上行驶，实现前进、后退、加速、减速和转向功能。

第一节 初步设计

1. 总体概念

遥控船的总体概念如图1所示。遥控船由遥控器和船体两个部分组成，遥控器负责给船体发送控制命令，船体接收到命令后，执行相应的操作。

遥控器　　　　　　　　　　　　　船体

图1 遥控船概念图

2. 电控系统

根据制作遥控小车的经验，遥控船的电控系统需要 UNO 主板、APC220 模块、L298N 驱动板、马达和舵机等器件。器件之间通信的方式如图2所示。船体部分电控系统的 APC220 模块用于接收遥控器发送的字符串。字符串经过 UNO 主板处理转化为 PWM 信号，PWM 信号分为两路：一路作用于 L298N 驱动板，控制马达转速；另一路作用于舵机，控制舵机转动。

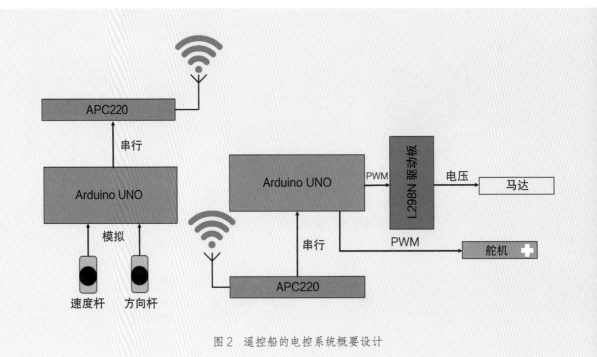

图 2　遥控船的电控系统概要设计

　　为了方便操纵遥控船，需要制作一个遥控器。遥控器有两个摇杆，一个负责控制船行驶的速度，另一个负责控制船行驶的方向。

　　遥控船工作时，速度杆（电位器）输出的模拟信号经过 UNO 主板处理为字符串后，由发射端的 APC220 模块发射出去。船体上的 APC220 模块接收到字符串后，经过 UNO 主板处理为 PWM 信号，通过 L298N 驱动马达，使船前进或后退。方向杆输出的模拟信号经过 UNO 主板处理为 PWM 信号后，通过 APC220 模块发射出去。船体上的 APC220 模块接收到信号后，经 UNO 主板处理成 PWM 信号，传输给舵机，控制舵机旋转，改变遥控船的行驶方向。

第二节　实验验证

初步设计确定之后，需要对制作遥控船的主要器件——APC220 模块、L298N 驱动板、马达和舵机进行检测，确保模块无损，能够正常使用。

1. L298N 驱动板和马达的检测

L298N 驱动板是控制马达速度的模块，测试 L298N 驱动板可以参考第六章"遥控小车"中的相关测试。

2. 舵机检测

舵机是控制遥控船行驶方向的模块。测试舵机可参考第二章"Arduino 基础实验"的"9克舵机"。

3. APC220 模块检测

参考第四章的"串口无线透传模块"中的相关测试。

第三节　电控系统的详细设计

本节将对初步设计中的结构图进行细化，确定器件之间引脚的连接和供电方式等细节。

1. 器件连线图

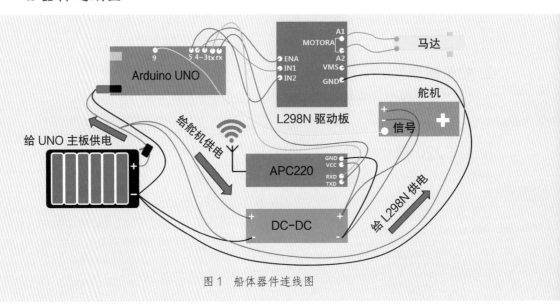

图 1　船体器件连线图

根据图 1 连接船体部分的器件。这个电路连接的要点在于如何给所有器件供电。从电池盒分出 3 路电源线，一路给 L298N，一路给 UNO 主板，还有一路经直流降压后给舵机。APC200 模块直接从 UNO 主板取电。

扫描二维码，查看电路的连接过程。

电路连接过程

Tips

做原型时不需要焊接电路，而是将电源的正极和负极导线连接到面包板上，这样 L298N 驱动板、DC-DC 模块等可以接到面包板上由此取电。总装时需要焊接，否则在遥控船行驶的过程中，如果出现颠簸，面包板上的导线可能会产生松动，遥控船就会停止运行。

◆ 焊接电池盒接线：选择三根红色的导线作为正极导线，剥除导线的绝缘层，露出 1cm 左右的导线。然后将裸露的三根导线端拧成一股，利用电烙铁将这股线与电池盒正极的铜片焊接在一起。选择三根黑色的导线，以同样的方式与电池盒负极的铜片焊接在一起。

◆ 连接直流变压模块：即将 DC-DC 模块和舵机连接起来。舵机需要较大的电流，如果直接从 UNO 主板取电，会由于电流过大而导致 UNO 主板重新启动。因此，需要利用 DC-DC 降压器，为舵机提供稳定的电源。

背景知识

　　DC-DC 转换器是一种可以将一个直流电压（例如 9V）转化为另一个直流电压（例如 5V）的器件。这里使用的 DC-DC 转换器的输入范围是 3.8~32V，输出范围是 1.25~35V。

　　使用 DC-DC 模块时，先要检测它的输出电压是否为 5V。若输出电压不是 5V，可以转动 DC-DC 模块的可调电阻调节，使输出电压达到 5V。具体操作如图 3 所示，用螺丝刀旋转模块上的可调电阻，然后用万用表测量该模块输出端的电压。当输出端电压为 5V 时，停止旋转可调电阻。

可调电阻

图 2　DC-DC 模块实物图

旋转这个旋钮，调整到
输出电压为 5v 为止

图 3　调节 DC-DC 的输出电压

连接电源、DC-DC 模块、舵机和 APC220 这四个器件时，先要完成电源线与 DC-DC 模块输入端的焊接，接着完成 DC-DC 模块的输出端与舵机、APC220 的焊接，具体的焊接方式可以参考附录 1。再完成舵机和 APC220 其他引脚的连接。最后，根据图 1 将 L298N 驱动板接入电路，完成船体部分的器件连接。

2. 控制原理

船体部分的 APC220 模块接收到串行信号，将串行信号处理成控制船速和方向的 PWM 信号。控制船速的 PWM 信号通过 L298N 驱动板控制马达的转速；控制方向的 PWM 信号直接作用于舵机，改变舵机转动的角度，控制船行驶的方向。

第四节　原型开发

将遥控船的接收端器件，根据详细设计图连接完毕，但先不要连接 APC220 的 TXD 和 RXD 引脚（否则无法上传代码到 UNO 主板），然后将编写完成的程序上传到 UNO 主板。测试时，先保持 UNO 主板和电脑 USB 有线连接，用 Arduino IDE 的串口窗发送指令。在有线连接的条件下测试成功之后，再用 APC220 替换 USB 连接线，进行无线测试。

以下这段代码的目的是用字母（'a'、's'、'd'、'w'、'x'）控制船的前进、后退、左转和右转；用数字（0~9）控制马达转速。

1. 代码编写

```
// 定义部分
#include<Servo.h>
String intString="";
int dir1PinA = 4; //Arduino 的 4 和 5 号管脚分别连接 IN1 和 IN2
int dir2PinA = 5;
int speedPinA = 3;//Arduino 的 3 号 PWM 输出管脚连接 ENA
int command=0; //Control command
int speed;// 定义速度变量，PWM 输出范围为 0 ～ 255
Servo servo1;
int angle=90;
int angleStep=5;
// 初始化部分
void setup() {
 Serial.begin(19200);
 pinMode(dir1PinA, OUTPUT);
 pinMode(dir2PinA, OUTPUT);
 pinMode(speedPinA, OUTPUT);
```

```
    speed = 0; // 初始化速度为 0
    servo1.attach(9);
    servo1.write(angle);
    delay(500);
  }
// 主函数部分

void loop(){
  command=Serial.read();
  switch(command)
  {
case 'w':case 'W':case 's':case 'S':
    TurnMotor(command);
    break;
case 'a':case 'A':case 'd':case 'D':case 'x':case 'X':
    TurnServo(command);
    break;
  }
  if(command>='0'&&command<='9')
  {
    TurnMotor(command);
  }
}
// 自定义函数 TurnMotor()
void TurnMotor(char cmd)
{
    if(cmd=='w'||cmd=='W')
    {
```

```
    digitalWrite(dir1PinA, HIGH);   // 马达正转
    digitalWrite(dir2PinA, LOW);
  }
  else if(cmd=='s'||cmd=='S')
  {
   digitalWrite(dir1PinA, LOW);   // 马达反转
   digitalWrite(dir2PinA, HIGH);
  }
  else if(cmd=='0')
  {
   digitalWrite(dir1PinA, HIGH);  // 马达停止转动
   digitalWrite(dir2PinA, HIGH);
   speed=0;
  }
  if(cmd>='1'&&cmd<='9')    // 马达以不同的速度转动
  {
   intString+=(char)cmd;
   speed=map(intString.toInt(),1,9,75,250);
     Serial.println(speed);
   intString="";
  }
  analogWrite(speedPinA, speed);// 输出 PWM 脉冲到 ENA 引脚
  delay(1000);
}
// 自定义函数 TurnServo
void TurnServo(char cmd)
{
  if(cmd=='a'||cmd=='A')    // 如果 cmd 的值为 a 或者 A
```

```
    {
      if(angle>=50)        // 舵机此时的角度大于等于 50°
      {
        angle-=angleStep;// 让舵机的角度减小 5°
        servo1.write(angle);
      }
    }
    else if(cmd=='d'||cmd=='D')  // 如果 cmd 的值为 d 或者 D
    {
      if(angle<=130)             // 舵机此时的角度小于等于 130
      {
        angle+=angleStep;// 让舵机的角度增大 5°
        servo1.write(angle);
      }
    }
    else if(cmd=='x'||cmd=='X')  // 如果 cmd 的值为 x 或者 X
    {
      angle=90;// 设置舵机的角度为 90°
      servo1.write(angle);
    }
    delay(200);
  }
```

在主函数中利用 Serial.read() 读取串口接收到的字符，并将值存放入 commad 变量中。然后 switch() 函数判断此时 commad 值的情况。

如果 commad 的值等于 'W'、'w'、'S'、's'，那么调用自定义函数 TurnMotor()，实现马达的正转和反转。

如果 commad 的值等于 'a'、'A'、'd'、'D'、'x'、'X'，那么调用自

定义函数 TurnServo()，实现舵机角度的旋转。

如果 commad 的值等于 1~9，那么调用自定义函数 TurnMotor()，实现马达转速的变化。

2. 测试

（1）确认 APC220 模块的 TXD 和 RXD 引脚已经从 UNO 主板上取下，然后将船的电控代码上传至 UNO 主板。

（2）在串口窗中输入'W'，按回车键（设马达为正转）；接着输入'5'，按回车键（调整马达转速）。观察马达是否正转。

（3）再输入其他字符（'a'、's'、'd'、'x'）和数字，观察马达和舵机是否响应。

（4）有线状态下调试成功后，拔下 USB 与电脑的连线，将一对 APC220 分别接到 UNO 主板和电脑上，再次测试无线传输是否正常。

（5）在串口窗中输入字符'a'或者'd'，可以看到舵机旋转一个角度；输入字符'x'，舵机旋转到 90°。

扫描二维码，查看测试的效果。

测试效果

图 1　船体部分的电控系统原型

第五节　遥控船的总装

1. 船壳的选择

　　船壳是承载遥控船原型的主要平台，你可以根据自己的喜好选择不同类型的船壳。

船壳需要满足的条件有

　　（1）船壳内部有足够大的空间以固定原型中的器件。

　　（2）船壳要有比较好的水密性，船壳的接口尽可能要少。

　　（3）船壳要有比较好的稳定性，不容易侧翻。

　　基于上述要求，我们选择的船壳如图 5 所示。

图 1　船壳的实物图

2. 船壳上的器件布局

　　根据船壳的内部架构，将遥控船中船体需要的器件固定在船壳上。器件在船壳上的

布局视图如图 2、图 3 所示。

图 2　俯视图

图 3　侧视图

3. 遥控船的总装

设计好器件在船壳上的位置之后，就可以组装遥控船了。组装遥控船是一项需要十分耐心的工作，这里简要讲解组装步骤，实施过程中的注意事项扫描二维码查看。

注意事项

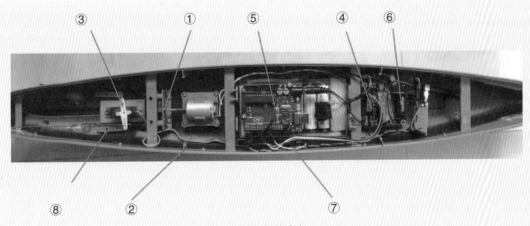

图 4　船舱内部

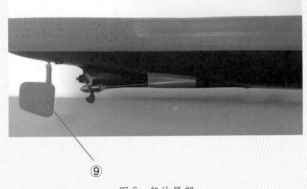

图 5　船的尾部

简要介绍遥控船总装的步骤参见图 4 和图 5。

（1）用硅脂润滑齿轮，再用螺丝将齿轮箱固定在船舱中。焊接马达的接线，利用螺丝将马达固定在图中所示的位置，利用软管将齿轮箱与马达连接起来。

（2）利用渗缝胶将船舱与船舷板粘在一起，粘的时候需要边刷胶水边粘。

（3）将舵机、L298N 驱动板固定在船舱中。

（4）将电池装入电池盒后，固定在船舱中。在电池盒上放置一块透明的塑料板，将 UNO 主板固定在塑料板上。

（5）制作一个配电板，将配电板和 DC-DC 模块固定在船舱中。

（6）根据电控系统的详细设计电路图，连接电路。注意原本 DC-DC 输出端有两条接线，这里只固定一条接线，将接线的正负极接到配电板上，这样 APC220 和舵机的 5V 和 GND 引脚都能从配电板上取电。

（7）对遥控船进行阶段性测试，确定遥控船的器件组装是正确的。利用电脑发送控制马达和舵机的信号，观察马达和舵机的转动情况。

（8）在确定马达和舵机转动正确的情况下，为船装上螺旋桨，装好之后为螺旋桨的桨轴套上塑料软管。

（9）为船装上尾舵。

（10）在桨轴上注入硅脂进行油封。

（11）将组装好的船放入水中，进行水密性测试。

第六节　遥控器的设计

如果端着一台笔记本电脑去野外试航，会发现这样的遥控方式很笨拙，不方便操作。因此需要为遥控船制作一个遥控器。

1. 遥控器的详细设计

遥控器的器件连线如图 1 所示。首先速度杆的 VRX 引脚与 UNO 主板的 A0 引脚相连，GND 引脚和 5V 引脚通过面包板分别与 UNO 主板的 GND、5V 引脚相连。同理连接方向杆，将方向杆的 VRY 引脚与 UNO 主板的 A1 引脚相连，GND 引脚和 5V 引脚分别与 UNO 主板的 GND、5V 引脚相连。接着，将 APC220 模块与 UNO 主板相连，其中 APC220 模块的 TXD 接 UNO 主板的 RX，RXD 接 UNO 主板的 TX，GND 引脚和 VCC 引脚分别通过面包板接在 UNO 主板的 GND 引脚和 5V 引脚上。扫描二维码，查看电路接线的方式。

工作时，推动速度杆和方向杆，速度杆的 VRX 和方向杆的 VRY 输出的模拟信号进入 UNO 主板，经过 UNO 主板处理后转化为字符串，通过 APC220 发送出去，以控制船的马达和舵机的转动。

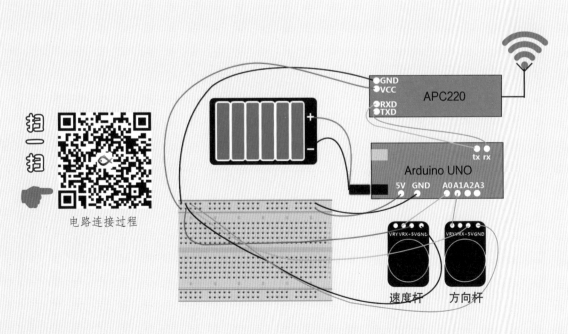

电路连接过程

图 1　遥控器的器件接线图

2. 摇杆测试

参考第六章"遥控小车"中的摇杆检测。

3. 代码编写

遥控器代码的功能是读取速度杆和方向杆的输入值，然后对当前的输入值和前一次的输入值、当前时间和前一次输入数值的时间进行比较。如果当前输入值和前一次输入值不同，或者当前时间和前一次输入数值的时间之差大于 200 毫秒，那么就会对输入值进行编码，然后将数值发送出去。

```
// 定义部分
char buffer[8];
int xpin=A0;
int ypin=A1;
int ycount=0;int ycountPrev=0;
int xcount=0;int xcountPrev=0;
unsigned long previousMillisT, previousMillisB; // 定义引脚和变量
// 初始化部分
void setup()
{
  Serial.begin(9600);
  pinMode(xpin,INPUT);
  pinMode(ypin,INPUT);                // 初始化引脚和串口
}
// 主函数部分
void loop()
{
  xcount=analogRead(xpin);
  ycount=analogRead(ypin);
  //ypin 引脚前后两次的输出值是否相同，或者时间是否超过了 200ms
```

```
//xpin 引脚前后两次的输出值是否相同，或者时间是否超过了 200ms
if (!compare(xcount, xcountPrev)|| millis()-previousMillisB>=200)
{
String val=String(xcount);
val="T"+val+"X";
SendMessage(val);
previousMillisB = millis();
xcountPrev = xcount;

}
if (!compare(ycount, ycountPrev)|| millis() - previousMillisT >= 200)
{

    String val=String(ycount);
    val="B"+val+"X";
     SendMessage(val);
     previousMillisT = millis();
     ycountPrev = ycount;

}
 delay(100);

}
// 自定义函数 SendMessage()
void SendMessage(String text)
{

    const char *msg = buffer;
    text.toCharArray(buffer, 8);


    Serial.println(text);        // 将数据发送出去
    delay(50);

}
```

```
// 自定义函数 compare()
bool compare(int x, int y)
{
  if(abs(x-y)<=1)
  {
    return true;
  }
  else
  {
    return false;  // 比较上一次的值和这一次的值之间的关系，如果两次值的差值
// 小于 1，那么返回 true，否者返回 false。
  }
}
```

控制遥控器的程序分为五个部分：定义部分、初始化部分、主函数部分、自定义函数 SendMessage() 和 compare()。

在主函数中首先利用 analogRead() 函数读取 xpin 引脚和 ypin 引脚的值，并分别存入 xcount 和 ycount 中。接着，利用 if() 函数判断当前的 xcount 的值和前一个输入值 xcountPrev，如果当前的 xcount 值和前一个输入值 xcountPrev 不相等，或者当前的时间值与输入前一个值 xcountPrev 的时间之差大于 200 毫秒，那么为 xcount 值加上字符"T"和"X"的标志，然后执行 SendMessage() 函数，并将加上字符后的数据发送出去。字符"T"的作用是告知船的接收端程序，这是控制马达速度的数据，"X"是数据的结束标志。最后将当前的时间值存入 xcountPrev 中。

用同样的方式处理 ypin 引脚输入的数值 ycount，将 ycount 的值加上字符"B"和"X"的标志后，利用 SendMessage() 函数将加上字符后的数据发送出去。字符"B"的作用是告知船的接收端程序，这是控制舵机旋转角度的数据，"X"是数据的结束标志。

4. 测试

根据详细设计的遥控器器件接线图，将组成遥控器的器件连接起来。将另一个 APC220 模块与 USB 转换器相连，插在电脑的 USB 端口上。打开 Arduino IDE 的串口监视器，推动方向朴和速度杆，观察串口监视器中数据的变化。

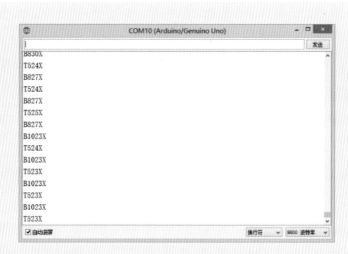

图 2　串口调试图

第七节　更新船的代码

在遥控船的原型搭建中，利用简单的字符和数字控制遥控船的速度、转向等功能。但是，遥控器发射的数据不是单个的数字和字符，而是字符串。因此，要对遥控船的代码进行更新。此外，在原型搭建中，遥控船的代码是使用顺序执行的方式去控制船的速度和方向，响应的效果不够理想，因此，此处将使用第五章多任务编程的思想更新船的代码。

1. 代码编写

```
#include <Servo.h>// 调用舵机的库函数 Servo

enum ShipDirection{ Forward, Backwark }; // 定义枚举类型 ShipDirection

// 创建一个与舵机有关的类 ControlSurface

class ControlSurface

{

    ......

};

// 创建一个接收数据的类 Reciever

class Reciever

{

    ......

};

// 创建一个马达的类

class DCMotor

{

    ......

};

// 创建一个船的类

class Ship
```

```
    {
    ......
    };
// 定义部分
ControlSurface rudder;        // 创建舵机实例
DCMotor motor;                // 创建马达实例
Reciever reciever;            // 创建串口接收器的实例
Ship ship;                    // 创建船的实例
char command[9];              // 存放接收到的命令
unsigned long prevCmdMillisconds;
// 初始化部分
void setup() {

    Serial.begin(9600);
    reciever.begin();
    motor.begin(4, 5, 3);     // 通过 begin() 设定实例的引脚
    rudder.begin(9);          // 通过 begin() 设定实例的引脚
    prevCmdMillisconds = 0;
    delay(200);
    Serial.println("Setup done!");    // 初始化用到的引脚、变量和串口
}
// 主函数部分
void loop()
{
    reciever.Update();                             // 对收到的数据进行更新
    if (reciever.IsMessageComplete() == true)      // 如果接收到的数据完整
    {
            strncpy(command, reciever.GetMessage(), 9); // 将数据复制到 command 中
```

```
                interpreter(command);              // 解析 command 中的数据
                prevCmdMillisconds = millis();     // 记录接收数据当前的时间
                    }
        if (millis() - prevCmdMillisconds >= 3000)
        {

                prevCmdMillisconds = millis();

        }


}
// 自定义函数 interpreter()
void interpreter(char* msg)    // 解析收到的命令
{

    for (int i = 0; msg[i] != 'X'&&i <= 9; i++)
    {

            if (msg[i] == 'T')
            {
                    int value = extractValue(i, msg);
                    Throttle(value);
            }
            else if (msg[i] == 'B')
            {
                    int value = extractValue(i, msg);
                    Turn(value);
            }
            UpdateShip();
```

```
        }
    }
// 自定义函数 Throttle()
void Throttle(int value)              // 调节马达的速度
{
    ……
    }
// 自定义函数 Turn()
void Turn(int value)                  // 调节舵机的角度
{
    ……
}
// 自定义函数 UpdateShip()
void UpdateShip()                     // 更新船的状态
{
    ……
}
// 自定义函数 extractValue()
int extractValue(int startIndex, char* msg)    // 提取命令中的数值
{
    String v = "";
    int j = startIndex + 1;
    for (; msg[j] >= '0'&&msg[j] <= '9'; j++)
    {
            v += msg[j];
                }
    return v.toInt();
}
```

这个程序比较长，但理解起来并不困难。程序由四个类、定义部分、初始化部分、主函数部分和五个自定义函数组成。具体的代码请扫描二维码查看。

完整代码

类是一种抽象的数据类型，这里并不需要去深入地理解，只需要知道在程序中创建了有关舵机、接收数据、马达和船的类即可。

定义部分根据之前创建的类创建舵机、接收数据、马达和船的实例，并定义存放接收数据的变量 command 和存储时间的变量 prevCmdMillisconds。

在主函数部分，首先是利用 reciever.Update(); 对接收到的数据进行更新，接着利用 if() 函数判断接收到的数据是否完整，利用 strncpy 函数将接收到的数据放入 command 中，再调用 interpreter() 函数解释 command。

在 interpreter() 函数中，首先利用 for() 循环检测 command 中的每一个字符，遇到字符 "T"，说明这个 command 命令是控制马达的转动，那么调用 extractValue() 函数取出 command 命令中的数值，再调用 Throttle() 函数调节马达的转速。

如果在利用 for() 循环检测 command 中的每一个字符时，遇到字符 "B"，说明这个 command 命令是控制舵机角度的，那么调用 extractValue() 函数取出 command 命令中的数值，再调用 Turn() 函数调节舵机的角度。

2. 测试

（1）将船体器件中的 APC220 的 TXD 和 RXD 引脚从 UNO 主板上取下，然后利用 USB 数据线连接 UNO 主板与电脑。

（2）对更新后的船的代码进行验证，验证成功后将代码上传至 UNO 主板。然后再将 APC220 的 TXD 和 RXD 引脚接到 UNO 主板的 RX 和 TX 引脚上。

测试效果

（3）推动遥控器的速度杆，观察船的螺旋桨是否转动；推动遥控器的方向杆，观察船的舵片是否摆动。

扫描二维码，查看测试效果。

完成以上工作，一艘可以在水面上行驶的遥控船就制作好了。不妨在遥控船上竖一面带有自己设计的 LOGO 的旗帜，将小船放到湖中，利用遥控器体验小船的前进、后退和转向等功能。扫描二维码，查看小船实际行驶效果。

扫一扫

实际效果

图 1　遥控船的测试

本章小结

本章主要讲解如何制作一艘遥控船。前一章已经学习了遥控小车的制作，在无线遥控方面两者非常相似，但相比于遥控小车，遥控船的供电电路连接和总装过程相对难些，也更有趣！

本章代码

在线交流

通过"遥控小车"和"遥控战列舰"两个项目相信你已经很熟悉如何使用 APC220 无线传输模块了。那么，你能制作一个可以无线控制的摄像头底座吗？这样可以控制摄像头的摆动，或者让摄像头旋转一定的角度。

如果你制作出好的作品，可以扫描下图中的二维码，上传到本书的网站，与更多人分享！

第八章　循迹小车

　　循迹小车是一种能够自动地循着黑线行驶的"自主控制"小车。它是目前为止我们接触到的第一个完全自主式的项目。循迹小车"自主控制"的意思是，当循迹小车行驶时，如果偏离了黑线，它会自动调整行驶的方向，确保始终沿着黑线行驶。

第一节　初步设计

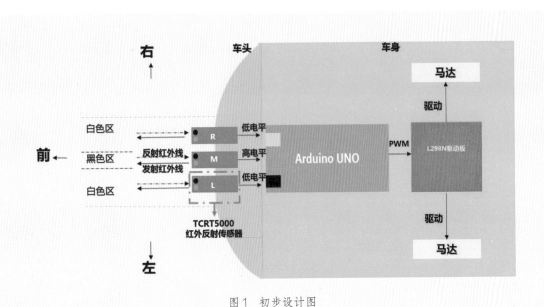

图 1　初步设计图

　　根据功能需求，设计图如图 1 所示。负责信号传输的主要组件有 TCRT5000 红外反射传感器（3 个）、Arduino UNO、L298N 驱动板和马达（2 个）。

信号传输的过程和原理是，循迹小车使用 3 个 TCRT5000 红外反射传感器——R、M 和 L 来辨别颜色。R、M 和 L 不断向外发射红外线，当发射的红外线遇到黑色时，不会被反射回来，或虽被反射回来但强度不够大，TCRT5000 模块输出高电平；相反，当发射的红外线遇到白色（或类似浅色）时，会被反射回来且强度足够大，此时模块输出低电平。

接着 Arduino 对 R、M 和 L 输出的电平信号进行检测和处理。当 R 为低电平，M 为高电平，L 为低电平时，Arduino 向 L298N 驱动板发送 "forward" 的 PWM 信号，循迹小车向前行驶；当 R 为低电平，M 为高电平，L 为高电平时，向驱动板发送 "turn left" 的 PWM 信号，循迹小车向左转；当 R 为高电平，M 为高电平，L 为低电平时，向驱动板发送 "turn right" 的 PWM 信号，循迹小车向右转；当 R、M、L 都为低电平时，向驱动板发送 "stop" 的 PWM 信号，循迹小车停止运动。驱动板会根据收到的不同信号指示来驱动马达转动。

第二节　实验验证

完成循迹小车的初步设计后，根据初步设计的要求，需要对小车的一些主要部件进行实验检测，确保它们的功能都可以正常实现。

1. L298N 驱动板和马达的检测

参考第六章"遥控小车"中的相关检测实验。

2. TCRT5000 红外反射传感器检测

在小车的初步设计中，小车的循迹功能（识别黑白色）是利用 3 个 TCRT5000 红外反射传感器实现的，所以需要对 3 个红外反射传感器进行测试，确保它们识别颜色的功能正常。

图1　红外传感器实物图

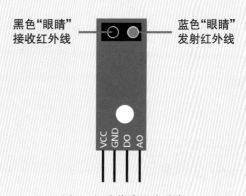

黑色"眼睛"
接收红外线

蓝色"眼睛"
发射红外线

VCC　GND　DO　AO

图2　红外传感器的引脚

TCRT5000 红外反射传感器有 4 个引脚，实验中只用到了其中 3 个——DO、VCC 和 GND。VCC 和 GND 是供电引脚，DO 是负责传输电平信号的引脚。工作时，红外反射传感器通过蓝色和黑色的"眼睛"，不断发射、接收红外线来识别黑色和白色，并由 DO 引脚输出高 / 低电平。

Tips

红外传感器前面没有障碍物，红外传感器的红外线不能反射回来，此时便默认前方为黑色。障碍物距离红外传感器很近，比如贴在红外传感器上，那么即便障碍物是黑色的，红外传感器也会反射回来足够强的光，此时则认为前方是白色。

 **背景知识**

实验中使用的是输出电平信号的 DO 引脚，没有用到 AO 引脚。AO 引脚是模拟信号输出引脚，它的输出值会随着离障碍物距离的变化而变化。

（1）电路连接

对三个 TCRT5000 分别进行测试，目的是实现当黑色时，串口窗显示 0，白色时显示 1。测试电路如图 3 所示。

扫描二维码，查看电路的连接过程。

电路连接过程

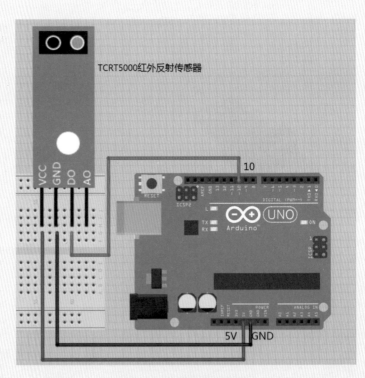

图 3　红外传感器接线图

连接时，先将 TCRT5000 的引脚插入面包板中。利用跳线将 TCRT5000 的 VCC、GND、DO 引脚分别与 UNO 主板的 5V、GND、10 号引脚相连接。

（2）代码编写

```
// 定义部分
int irPin=10; //Arduino 的 10 号引脚与 TCRT5000 的 DO 相连
// 初始化部分
void setup()
{
pinMode(irPin,INPUT);
 Serial.begin(9600);
}
// 主函数部分
void loop() {
// 读取 irPin 引脚的电平值并进行 if 判断，如果是低电平，串口监视器中输出 0，
// 相反则输出 1。
 if(digitalRead(irPin)==0)
 {
  Serial.println("0");// 输出 0
 }
 else
 {
  Serial.println("1");// 输出 1
 }
}
```

（3）测试

① 在已完成电路连接的基础上，用 USB 数据线将 UNO 主板与电脑进行连接。

② 打开 IDE，将测试的代码写入 IDE 中。对代码进行验证，将验证成功后的代码上传至 UNO 主板。

③ 先把一张黑色的纸板放在 TCRT5000 下方，观察 IDE 串口监视器的输出值，此时

应该输出"0";然后再把一张白色的纸板放在 TCRT5000 下方,观察 IDE 串口监视器的输出值,此时应该输出"1",IDE 串口监视器的输出值如图 4 所示。

④ 以相同的方式对另外两个 TCRT5000 进行测试,确保它们都能正常使用。

扫描二维码,查看实验效果。

图 4　串口监视器输出值

第三节　详细设计

通过实验知道如何用代码调用小车的主要器件后，需要对循迹小车的初步设计做进一步细化，确定组成循迹小车的各个器件之间的连接。

经过详细设计，循迹小车的电路图如图 6 所示。

首先，将已经测试并做过标记的马达与 L298N 驱动板的 MOTORA 和 MOTORB 引脚相连，再将 L298N 驱动板与 UNO 主板连接。其中 L298N 驱动板的 ENA 引脚、ENB 引脚分别与 UNO 主板的 3 号引脚和 9 号引脚相连，IN1、IN2、IN3、IN4 分别与 UNO 主板的 4、5、6、7 号引脚相连。

接着，将 TCRT5000 红外反射传感器与 UNO 主板连接。将三个 TCRT5000 红外反射传感器的 VCC 引脚和 GND 引脚连接在面包板上，通过面包板分别与 UNO 主板的 VCC 引脚和 GND 引脚相连。之后，将三个 TCRT5000 红外反射传感器的 DO 引脚从右至左接到 UNO 主板的 10、11、12 号引脚上。

最后，要为整个电路进行供电的连接。供电电源的电压是 7~9V，接线方式可以参考第六章"遥控小车"中的方式。

循迹小车中间的 TCRT5000 红外传感器对准黑线，开始行驶；当它行驶到黑线弯曲的地方时，小车车头会偏离黑线，如果两侧红外传感器中的一个对准黑线，那么程序就会对小车行驶的角度进行调整。在三个 TCRT5000 红外传感器的相互协作下，循迹小车可以沿着黑线一直行驶。但是，如果两侧的红外传感器没有及时对准黑线，小车便会停止不动。详见下一节循迹小车运动情况表。

扫描二维码，查看电路的连接过程。

扫一扫

电路连接过程

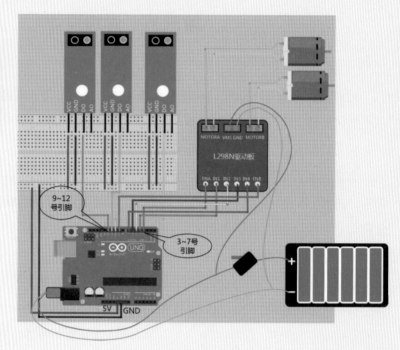

图1 详细设计图

第四节　原型开发

在原型搭建中，先根据详细设计的电路图连接器件，然后整合循迹小车的代码，将代码烧录到 Arduino 主板中并进行测试。

1. 电路连接

以 UNO 主板为中心，根据详细设计的电路图连接循迹小车的所有器件。在连接时，与 UNO 相连接的电源先不要插在 UNO 的电源插孔中，只有在最后对代码进行测试时才需要将电源插孔插入 UNO 主板。

2. 代码整合

```
// 马达 A
int dir1PinA = 4; //Arduino 的 4 和 5 号管脚分别连接 IN1 和 IN2
int dir2PinA = 5;
int speedPinA = 3;//Arduino 的 3 号 PWM 输出管脚连接 ENA


// 马达 B
int dir1PinB = 6;//Arduino 的 6 和 7 号管脚分别连接 IN3 和 IN4
int dir2PinB = 7;
int speedPinB = 9;//Arduino 的 9 号 PWM 输出管脚连接 ENB


int speed;// 定义速度变量，PWM 输出范围为 0 ～ 255


int irPinL=12,irPinM=11,irPinR=10;


// 初始化部分
void setup() {
  Serial.begin(9600);
```

```
pinMode(irPinL,INPUT);

pinMode(irPinM,INPUT);

pinMode(irPinR,INPUT);

 pinMode(dir1PinA, OUTPUT);

 pinMode(dir2PinA, OUTPUT);

 pinMode(speedPinA, OUTPUT);

 pinMode(dir1PinB, OUTPUT);

 pinMode(dir2PinB, OUTPUT);

 pinMode(speedPinB, OUTPUT);

 speed = 0; // 初始化速度为 0

 delay(500);

}
```

// 主函数部分

```
void loop() {

 // put your main code here, to run repeatedly:

 speed=150;
```

// 读取 irPinL、irPinM、irPinR 引脚的电平值并进行 if 判断，根据判断结果选
// 择调用 allstop()、forward() 或者是 turn() 函数。

```
 if(digitalRead(irPinL)==0&&digitalRead(irPinM)==0&&digitalRead(irPinR)==0)

 {

Serial.println("stop");// 串口输出 "stop"

  allstop();// 调用 allstop()

 }

 if(digitalRead(irPinL)==0&&digitalRead(irPinM)==1&&digitalRead(irPinR)==0)

 {

Serial.println("forward");// 串口输出 "forward"

  forward();// 调用 forward()

 }else
```

```
if(digitalRead(irPinL)==1&&digitalRead(irPinM)==1&&digitalRead(irPinR)==0)
 {
  Serial.println("turn left");// 串口输出 "turn left"
  turn("left");// 调用 turn()
 }else
if(digitalRead(irPinL)==0&&digitalRead(irPinM)==1&&digitalRead(irPinR)==1)
 {
  Serial.println("turn right");// 串口输出 "turn right "
  turn("right");// 调用 turn()
 }else
if(digitalRead(irPinL)==0&&digitalRead(irPinM)==0&&digitalRead(irPinR)==1)
 {
  Serial.println("hard turn right");// 串口输出 " hard turn right（右急转弯） "
  turn("hard right");// 调用 turn()
 }
 else
if(digitalRead(irPinL)==1&&digitalRead(irPinM)==0&&digitalRead(irPinR)==0)
 {
  Serial.println("hard turn left");// 串口输出 " hard turn left（左急转弯） "
  turn("hard left");// 调用 turn()
 }
}
// 自定义函数 turn()
void turn(String direction)
{
//turn left
 if(direction.equals("left"))
 {
```

```
    analogWrite(speedPinA,0);// 写入马达 A 的速度为 0
    analogWrite(speedPinB,speed/3); // 写入马达 B 的速度为 speed/3
  }
//turn right
 if(direction.equals("right"))
 {
    analogWrite(speedPinA,speed/3); // 写入马达 A 的速度为 speed/3
    analogWrite(speedPinB,0);  // 写入马达 B 的速度为 0
 }
 //hard turn left
 if(direction.equals("hard left"))
 {
  analogWrite(speedPinA,0); // 写入马达 A 的速度为 0
  analogWrite(speedPinB,speed); // 写入马达 B 的速度为 speed
 }
//hard turn right
 if(direction.equals("hard right"))
 {
   analogWrite(speedPinA,speed); // 写入马达 A 的速度为 speed
   analogWrite(speedPinB,0);  // 写入马达 B 的速度为 0
 }
}
// 自定义函数 allstop()
void allstop(){
 analogWrite(speedPinA,0); // 写入马达 A 的速度为 0
 analogWrite(speedPinB,0);  // 写入马达 B 的速度为 0
}
// 自定义函数 forward()
```

```
void forward()

{

digitalWrite(dir1PinA, HIGH);

digitalWrite(dir2PinA, LOW);

digitalWrite(dir1PinB, HIGH);

digitalWrite(dir2PinB, LOW);

analogWrite(speedPinA,speed); // 写入马达 A 的速度为 speed

analogWrite(speedPinB,speed); // 写入马达 B 的速度为 speed

}
```

代码中的某些内容在第六章"遥控小车"中已有涉及，这里着重了解小车是如何通过代码实现循迹功能的（沿着黑色线行驶）。首先，UNO 主板读取 irPinL、irPinM、irPinR 引脚的电平值并进行 if 判断，根据判断结果选择调用 allstop()、forward() 或 turn() 函数。然后在这些自定义函数中，根据函数功能的

Tips

direction.equals（"left"）是将形参 direction 的值与"left"进行对比，判断二者是否相等。在这里不能使用"=="进行比较，因为它是比较两个字符串变量的地址。

不同，分别通过 analogWrite() 给驱动板写入驱动马达转动的不同速度。这样就可以实现小车的直行、左转弯、左急转弯、右转弯、右急转弯、停止等动作。

假设读取到的三个电平值都为 0，表示小车的 3 个 TCRT5000 红外反射传感器"看到"的都是白色区域，说明小车已经驶出黑色轨迹。这时就调用 allstop() 函数，在 allstop() 函数中通过 analogWrite() 使得马达 A、B 的速度为 0，小车处于停止状态。同理，前进、左转弯、右转弯、左急转弯和右急转弯也是通过这样的过程得以实现。

表 1 列出了循迹小车行驶过程中遇到的几种情况（L、M、R 是那 3 个 TCRT5000 红外反射传感器）：

表1 循迹小车运动情况

	前进：M看到黑色，L、R看到白色
	左转弯：M、L看到黑色，R看到白色
	右转弯：M、R看到黑色，L看到白色
	左急转弯：L看到黑色，M、R看到白色
	右急转弯：R看到黑色，L、M看到白色
	停止：L、M、R都看到白色

3. 测试

（1）将 UNO 主板与电脑连接，将代码烧到主板里。

（2）根据详细设计部分的电路图连接电路。

（3）将一张粘了一条黑色胶带的白纸靠近 3 个 TCRT5000，在小范围内左右平移白纸，使 3 个 TCRT5000 的"眼睛"看到不同的颜色，此时可以观察到两个马达开始旋转，并且随着白纸的移动，旋转的速度会发生相应的改变。

扫描二维码，查看实验效果。

实验效果

第五节　循迹小车的总装

1. 车架的选择

在原型搭建的部分搭建了小车的原型，实现了小车的基本功能。这里需要为原型选择一个承载平台，将搭建好的原型固定在所选择的承载平台上，制成一辆完整的循迹小车。建议选择三轮的小车底盘，便于转向，如图1所示，两个比较大的车轮用于行驶，小车轮用于支撑车架。小车轮会随着大车轮的转动而转动，亦可称之为"随转轮"。

图1　小车车板

2. 器件布局

车的器件布局如图2所示。电池盒、UNO主板和驱动板都按如图位置固定在小车底盘上面，将三个TCRT5000的引脚插进一块小面包板中，利用泡沫胶将小面包板粘在车头，并固定住。

Tips

◆ 3个TCRT5000的"眼睛"是面向地面的，并且"眼睛"距地面的高度要保持在10~25mm。

◆ 如果有金属螺丝裸露在车体表面，固定器件时，可以在车体表面粘贴一块纸板，然后将器件固定在这块纸板上，避免金属螺丝使器件短路。

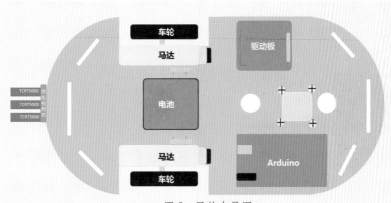

图2　器件布局图

3. 总装

选择好原型的承载平台，规划好有关器件在承载平台的布局，下一步是将器件固定到承载平台上。

（1）利用螺丝钉将两个马达固定在底盘上，注意马达接线的方向，切勿将接线端方向固定反了。

（2）将小车的轮胎固定在马达上。

（3）在小车的车板表面有一些突起的螺丝钉，因此需要在车板上表面贴上一层纸，使 L298N 驱动板和 UNO 主板上的焊接点与这些螺丝钉隔绝，以防对驱动板和主板造成损害。然后，将 L298N 驱动板、UNO 主板和电池盒固定在底盘上，固定的时候最好使用海绵胶。

（4）将红外反射传感器 TCRT5000 固定在车头。固定位置可以参照参考图 2。

（5）最后根据电路连线图连接做过标记的马达、L298N 驱动板和 UNO 主板。

图 3　循迹小车侧视图　　　　　图 4　循迹小车俯视图

4. 测试

实验效果

循迹小车制作完成后，用黑胶带在地面上贴出一个椭圆形的轨道，对小车进行试运行，观察循迹小车如何沿着黑线行驶。（注：黑胶带的宽度以 2 厘米为好。）

循迹小车的行驶效果如何？扫描二维码查看。

本章小结

循迹小车是一种自动控制项目。自动控制项目就是只要启动开关，对象就根据预设的情况执行。这种完全自主运行的系统也称为机器人。Arduino 的计算能力比较弱，视频、音频或稍复杂的算法处理会力不从心。因此很多情况下，需要 Arduino 和通用计算机结合，由计算机负责主要运算，由 Arduino 负责控制电机、舵机等执行器。

本章代码

扩展案例

本章中将 TCRT5000 红外反射传感器装在小车的车板下，探测有没有黑线，实现循迹的功能。但是，在测试时，会常常遇到小车脱离轨道的情况，如何能让小车行驶得比较稳定呢？这里提供两种参考方案：

在线交流

◆ 让小车行驶慢一点。

◆ 再增加两个红外反射传感器。

如果你制作出好的作品，可以扫描二维码，上传到本书的网站，与更多人分享！也可以通过二维码查看已经上传的作品。

第九章　小车巡逻兵

出远门旅行时，多少会担心家里的安全。例如，暴雨后家里是否进水，或者家里有没有不速之客光顾。你可以尝试制作一辆小车，让它载着摄像头自动在家里"巡逻"，按固定的时间间隙拍摄，并且把拍摄的照片上传到 Web 服务器。这样，就能随时在手机上翻看照片，了解家里的情况了！这种设备，把它称为"小车巡逻兵"吧！

第一节　初步设计

1. 自动拍照的硬件和软件

前面制作过遥控小车，小车车体和动力控制方面的制作都已不成问题。自动巡逻的功能在制作时也比较容易，常见的办法有循迹（如循迹小车那样在地上贴黑线）、超声波避障（安装 3 个超声波距离探测器，不用在地上贴黑线了）等。小车巡逻兵最大的难题是：如何让摄像头每隔 10 秒自动拍摄一张照片？

Arduino 的计算速度不足以处理照片、视频这类信息量大的数据，而且也没办法连接 USB 摄像头。拍照问题该如何解决呢？经过上网搜索发现，有两种硬件支持摄像头拍照。一种是具有更强计算能力的单片机——STM32，另一种是只有卡片大小的微型计算机——树莓派 (Raspberry Pi)。

图 1　STM32 nucleo

图 2　树莓派（RPi）

图 3　UNO 主板

仅有硬件还不能确保开发出自动拍照的功能，必须有能用于开发的软件才行。树莓派和 STM32 相比，哪一种更适合小车巡逻兵呢？正如 Arduino 的成功在于在成熟的单片机硬件之上提供了简单易用的编程语言一样，有了 STM32 和树莓派之后必须有成熟的类库和易用的开发环境，开发者才能集中精力开发需要的功能，而不必纠缠基础的硬件细节。为了比较 STM32 和树莓派的软件开发效率，我们分别进行了尝试。结果发现，STM32 涉及的基础硬件细节知识太多，如果要达到实际应用的成熟度，不仅需花费大量的时间和精力去了解寄存器和函数库等知识，还需购买额外的硬件调试器。此外，STM32 的真正优势在于大批量制造时，硬件成本比较低。然而我们只需要造出一台小车巡逻兵，所以编程效率才是选择技术路线的关键，因此，本项目选择采用树莓派来开发拍照功能。

树莓派是一款带 USB、HDMI、以太网接口的计算机，可以安装 Linux 操作系统，理论上可以用来接 USB 摄像头，通过编写程序实现自动拍照。但实际上还有些麻烦的问题，例如需要熟悉 Linux 命令，要用 Python 语言编程并且一定要在树莓派上（而不是在 PC 上）编程。直到微软发布 Windows IoT 操作系统和开发工具，这些技术困难得以解决，才有了真正实用的树莓派编程软件。

IoT 是 Internet of Things(物联网) 的缩写，利用它可以在 Windows 系统下进行编程。从软件开发的角度可以理解为：首先在树莓派上安装 Win 10 移动版操作系统，然后在 Visual Studio（以下简称 VS）开发环境下利用 C# 语言编写程序，最后载入树莓派调试和运行。

2. 能否用树莓派替换 Arduino?

既然树莓派能控制摄像头也有数字引脚，它能否代替 Arduino 去控制电机，这样只要一块板就能控制一切？

逻辑上确实可以，但实际上树莓派没有 PWM 引脚，这意味着不能直接控制电机转速。此外，树莓派引脚的工作电压是 3.3V，而多数传感器和执行器的工作电压都是 5V。再者，树莓派不带 ADC 模拟引脚，不能读入电位器电压这类连续变化的值。简而言之，弃用 Arduino 而全用树莓派不是一个明智的选择。

树莓派是通用计算机（通电启动后可以加载各种程序），而 Arduino 是微控制器（启动后只能运行单一程序），两者各有所长，性质互补。对小车巡逻兵项目而言，Arduino 适合控制电机，树莓派适合控制摄像头，两者结合使用便能实现最大效果。那么如何将这两块板连接起来呢？

微软公司必定也意识到了物联网软件开发的这类问题，所以在 IoT 中提拱了远程控制 Arduino 引脚的办法——Firmata。

背景知识

Firmata 是计算机和单片微型计算机之间通信的协议，在后面实验过程中会看到如何利用 Firmata 将树莓派和 Arduino 相连，然后用 C# 程序控制 Arduino 引脚所连的 LED 的亮灭。

3. 概要设计

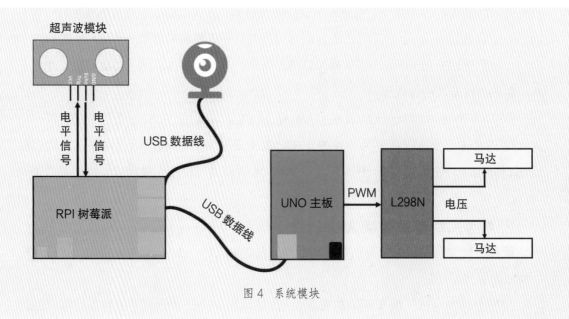

图 4　系统模块

小车巡逻兵的概要设计图如图 4 所示。树莓派与 UNO 主板之间利用 USB 数据线进行连接，通过 Firmata 控制 UNO 主板引脚的电压，使 UNO 主板输出 PWM 信号，驱动 L298N 驱动板，改变马达两端的电压，进而使马达转动。

超声波传模块通过杜邦线与树莓派相连，树莓派的引脚给超声波模块高电平信号，触发超声波模块发送超声波信号，信号碰到障碍物后通过 Echo 引脚将电平值返回树莓派。

第二节　可行性验证

1. 树莓派控制 Arduino 引脚

本实验是要让一个 LED 以半秒间隔亮灭，目的是验证树莓派能否控制 Arduino 引脚。

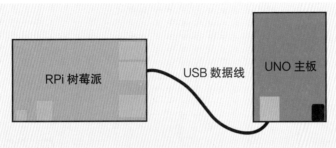

图 1　树莓派和 Arduino 连接

（1）Arduino 加载 Firmata

将 UNO 板通过 USB 线连到 PC，打开 IDE 中的 Firmata 代码，Firmata 代码是 Arduino 中自带的程序，烧入即可。如图 2 所示，依次选择菜单栏中的"文件"→"示例"→"Firmata"→"StandardFirmata"即可打开该程序。

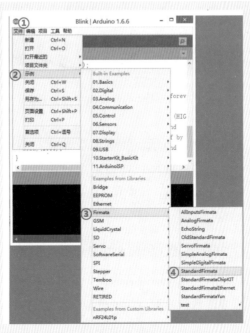

图 2　IDE 打开 Firmata

（2）在树莓派上安装 Windows 10

在树莓派上安装 Windows10 需要一张 MicroSD 存储卡、一个读卡器、一块树莓派 Raspberry Pi 2 B+ 或者 3 型、一台 PC、一台显示器。可以从下面的网址下载并安装 Windows 10 到树莓派，安装方式详见参考网址。也可以扫描二维码，查看具体的安装步骤。

在树莓派上安装 Win10

http://ms-iot.github.io/content/en-US/GetStarted.htm

（3）连接器件

扫描二维码，查看电路的连接过程。

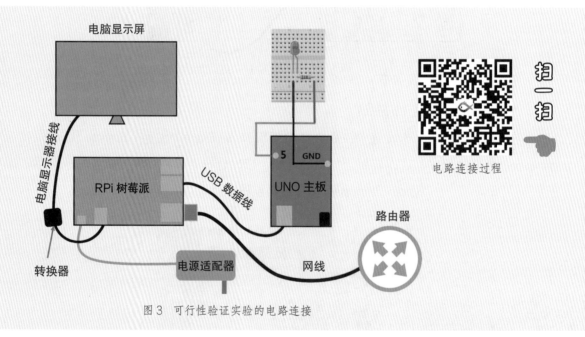

图 3　可行性验证实验的电路连接

实验的电路接线图如图 3 所示。特别需要注意。树莓派上有一个网络接口，利用网线将树莓派与路由器相连，将其接入网络。接入网络的具体方式，扫描二维码进行查看。

树莓派接入网络的方式

电脑的显示器通过转换器接在树莓派接显示器的插孔上。若电脑带有 HDMI 接口，就不需要转换器了，可直接接到树莓派接显示器的插孔上。为树莓派接上电源，需要注意树莓派使用的电源适配器的电压是 5V，电流是 2.1A-2.4A，要严格根据电压电流要求选择合适的电源适配器。

电路工作时,通过树莓派控制UNO主板5号引脚的电压值,控制LED灯的点亮和熄灭。

（4）在电脑上安装 **Windows IoT** 开发环境

安装 Windows IoT

让电脑和树莓派的网络处于同一局域网络内，在电脑上安装 Windows IoT 开发环境。安装的基本步骤是先安装 Visual Studio，然后装 IoT 的扩展包，最后改动相关设置，将 Win10 配置成开发模式。微软网站提供了详细的安装步骤说明。具体安装步骤参考以下网址。也可以扫描二维码，查看安装步骤。

http://ms-iot.github.io/content/en-US/win10/WRA.html

（5）创建 **IoT** 项目

用 Visual Studio 从零开始创建 IoT 项目的操作过程，扫描二维码，查看具体操作。

以下为关键代码。

创建 IoT 项目

```
publicsealedpartialclassMainPage : Page
{
IStream connection;
RemoteDevice arduino;
// 建立 Arduino 与树莓派之间的连接，创建 arduino 对象
public MainPage()
    {
this.InitializeComponent();

    connection = newUsbSerial("VID_2341", "PID_0043");
    arduino = newRemoteDevice(connection);
    connection.ConnectionEstablished += OnConnectionEstablished;
    connection.begin(57600, SerialConfig.SERIAL_8N1);
    }
//Arduino 与树莓派之间的连接建立后 , 让 LED 每隔 0.5 秒点亮一次
```

```
privatevoid OnConnectionEstablished()// 连接建立后
    {
for(; true;)
  {
Task.Delay(TimeSpan.FromMilliseconds(500)).Wait();  // 延时 0.5 秒
if (arduino.digitalRead(5) == PinState.HIGH)// 如果 Arduino 的 5 号引脚状态为
HIGH
{
 arduino.digitalWrite(5, PinState.LOW); // 将 Arduino 的 5 号引脚状态设置为
LOW
}
Else // 否则
{
 arduino.digitalWrite(5, PinState.HIGH);// 将 Arduino 的 5 号引脚状态设置为
HIGH
}
    }
  }
 }
```

程序首先建立 Arduino 和树莓派之间的连接，并创建 arduino 对象。连接建立之后，执行 for() 循环，在 for() 循环中首先延时 0.5 秒，然后读取 Arduino 5 号引脚的状态，若状态为 HIGH，则将其设置为 LOW，反之则设置为 HIGH。

（6）测试

点击 VS 的 "Remote Machine" 图标，通过网络，代码将被自动编译为执行文件并上传到树莓派。稍过片刻，即可看到 LED 灯开始闪烁。

图 4　运行图标

程序运行的效果如图 5 所示。扫描二维码,查看实验效果。

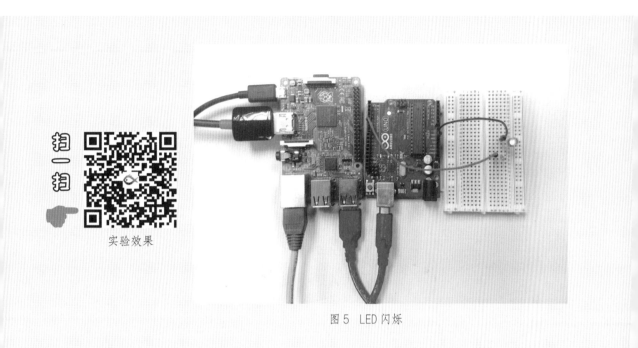

扫一扫

实验效果

图 5 LED 闪烁

2. 超声波测距

在本实验中,我们将利用超声波传感器和树莓派来实现小车巡逻兵在家里行驶避开障碍物的设想。其中,需要通过树莓派来获得障碍物与超声波模块之间的距离值。

(1)连接器件

由于超声波传感器 Echo 引脚电压为 5V,树莓派的数字引脚电压为 3.3V,后者承受不了 5V 电压,必须在 Echo 引脚和树莓派引脚之间连接一个分压电阻,以免树莓派因电压过高而烧毁。怎样设计分压电路,使树莓派引脚接收到 3.3V 的电压呢?

如图 6 所示,假如在 5V 和 GND 之间有一个可变电阻,那么当滑动接触点越接近上端,电阻越大,电压越高。要使 5V 到滑点之间的电阻值为 1KΩ(因为 1KΩ 电阻容易找得到),滑点到 GND 之间的电阻要多大,才能使滑点的电压为 3.3V?

设未知电阻值为 x,则方程为:

$$\frac{x}{1+x} = \frac{3.3}{5}$$
$$x = 1.94\text{K}\Omega$$

所以选择接近 2KΩ 的电阻即可。

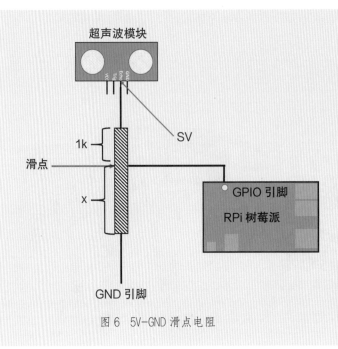

图 6　5V-GND 滑点电阻

安全注意：大电流器件不能这么分压，会击穿电阻或产生高热量。

扫描二维码，查看电路的连接线过程。

实验的电路图如图 7 所示，为简化电路，没有再画出树莓派与显示器、电源和路由器的连接，这部分可以参考图 3 进行连接。这里重点关注超声波模块与树莓派引脚的连接。

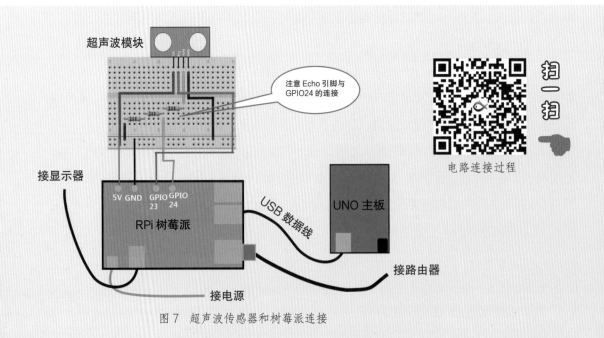

图 7　超声波传感器和树莓派连接

树莓派上一共有 40 个引脚，本章用到的是 5V 引脚、GND 引脚、GPIO23 引脚和 GPIO24 引脚。需要注意超声波模块的 Echo 引脚与树莓派上的 GPIO24 引脚之间的连接。由于树莓派上的引脚较多，连接电路时严格参照电路图。

（2）程序代码

电路工作时，树莓派通过 GPIO23 引脚发送信号，驱动超声波模块发送超声波信号，超声波信号碰到障碍物后返回；然后，通过 Echo 引脚给树莓派的 GPIO24 引脚电平值；最后，树莓派计算并输出障碍物与超声波模块之间的距离值。

```
publicsealedpartialclassMainPage : Page
{
IStream connection;
RemoteDevice arduino;

UltraSonicSensor frontEye;
DispatcherTimer timer;

// 建立 Arduino 与树莓派之间的连接，创建 arduino 实例
public MainPage()
    {
this.InitializeComponent();

    connection = newUsbSerial("VID_2341", "PID_0043");
    arduino = newRemoteDevice(connection);
    connection.ConnectionEstablished += OnConnectionEstablished;
    connection.begin(57600, SerialConfig.SERIAL_8N1);
    }
//Arduino 与树莓派之间的连接建立后，执行 Run() 函数
privatevoid OnConnectionEstablished()
    {
```

```
        this.Run();

    }
// 自定义函数 Run()
publicvoid Run()

    {

        frontEye = newUltraSonicSensor(23, 24); // 启动树莓派上的 23 和 24 号引脚
        timer = newDispatcherTimer();    // 建立时间的实例
        timer.Interval = TimeSpan.FromMilliseconds(1000);  // 设置 1 秒为间隔
        timer.Tick += Loop; // 把 Loop() 函数关联到 Timer.Tick 事件上
this.Setup();
        timer.Start(); // 启动计时器，每隔 1 秒触发一次 Tick 事件

    }


privatevoid Setup()

    {



    }


privatevoid Loop(object sender,object e)

    {
double distance = frontEye.MeasureDistance(); // 获得超声波模块测量的距离值
Debug.WriteLine("Distance:{0}",distance ); // 在调试窗口输出超声波模块测量得出
// 的距离值

    }

    }
```

程序首先建立 Arduino 和树莓派之间的连接，并创建 arduino 对象。在 Arduino 与树莓派之间的连接建立后执行函数 Run()。

在 Run() 函数中，先启动树莓派上的 23 和 24 号引脚，并创建时间的实例，然后每隔

1 秒执行一次 Loop() 函数，输出超声波模块测量的距离值。

（3）测试

点击 VS 的 "Remote Machine" 图标，通过网络，代码将被自动编译为执行文件并上传到树莓派。稍等片刻，将手放在超声波模块的正前方，在 VS 输出窗口可以看到有距离值输出。

你能否对这一结果的电路图和代码进行修改，实现当障碍物离小车的距离小于 20CM 时 LED 亮起的功能呢？请尝试一下吧！具体的实现方式，扫描二维码查看。

实现方式

图 8　Output 窗口测试结果

3. 摄像头拍照

本实验主要是将 USB 摄像头与树莓派连接，然后通过程序实现每 10 秒拍摄一张照片，同时存到 SD 卡上。

（1）器件连接

扫描二维码，查看电路的连接过程。

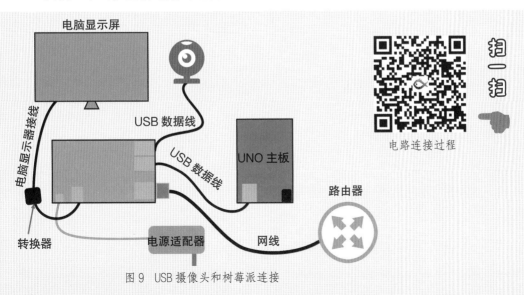

图 9　USB 摄像头和树莓派连接

树莓派与摄像头的连接较简单，如图 9 所示，利用 USB 数据线连接摄像头和树莓派即可。这里对摄像头的规格没有要求，只要插到 PC 上能自动识别的摄像头都可以使用。

（2）代码编写

```
publicsealedpartialclassMainPage : Page
{
IStream connection;
RemoteDevice arduino;

//For taking photos.
MediaCapture mediaCapture;
// 建立 Arduino 与树莓派之间的连接
public MainPage()
    {
this.InitializeComponent();

    connection = newUsbSerial("VID_2341", "PID_0043");
    arduino = newRemoteDevice(connection);
    connection.ConnectionEstablished += OnConnectionEstablished;
    connection.begin(57600, SerialConfig.SERIAL_8N1);
    }

//Arduino 与树莓派之间的连接建立后，执行拍照功能
privatevoid OnConnectionEstablished()
    {
InitializeCaptureManager();
    CapturePhoto();// 调用摄像头拍照
    }
// 自定义函数 InitializeCaptureManager()
```

```
privateasyncvoid InitializeCaptureManager()

    {

 mediaCapture = newMediaCapture();// 创建 mediaCapture 实例

await mediaCapture.InitializeAsync();// 等待 mediaCapture 实例初始化完毕

    }

// 自定义函数 CapturePhoto()

privateasyncvoid CapturePhoto()

    {

for (; true;)

      {

ImageEncodingProperties imgformat = ImageEncodingProperties.CreateJpeg();

// 设置图片保存的格式

StorageFile file = awaitKnownFolders.PicturesLibrary.CreateFileAsync("TestPhoto.jpg",

CreationCollisionOption.GenerateUniqueName); // 设置图片保存的路径

await mediaCapture.CapturePhotoToStorageFileAsync(imgformat, file);

awaitTask.Delay(10000);// 等待 10 秒

      }

    }

  }
```

程序首先建立 Arduino 和树莓派之间的连接。在 Arduino 与树莓派之间的连接建立后执行函数 InitializeCaptureManager() 和 CapturePhoto()，让摄像头每隔 10 秒拍摄一次。

（3）测试

点击 VS 的"Remote Machine"图标，运行代码。观察摄像头正面的指示是否闪烁，然后停止程序，在与树莓派处于同一网络下的电脑上打开 Windows 资源管理器，在其中输入树莓派的 IP 地址（树莓派的 IP 地址可以在与树莓派相连的显示器上查找），如图 10 红框的位置所示。

297

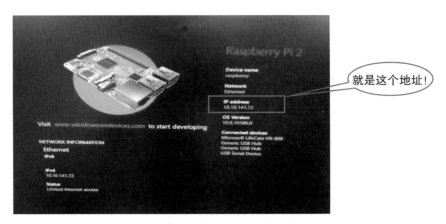

图 10　树莓派的 IP 地址

打开树莓派的 C 盘，依次打开"Data"→"Users"→"DefaultAccount"→"Picture"，可以找到刚刚摄像头拍摄的照片。

扫描二维码，查看实验效果。

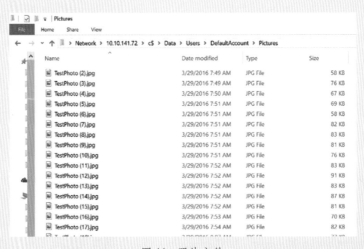

图 11　照片文件

实验效果

本节代码

第三节　详细设计

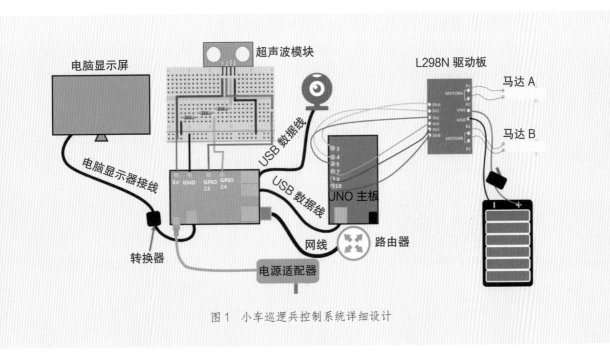

图1　小车巡逻兵控制系统详细设计

小车巡逻兵的详细设计图如图1所示。器件之间的连接比较简单，难点在于如何解决系统的供电问题。可以选择6节5号电池为整个系统供电，电池的一路输出到L298N驱动板，另一路经DC-DC模块变成5V后给树莓派供电，而Arduino主板则可以通过USB线从树莓派取电。扫描二维码，查看电路的连接过程。

电路连接过程

工作时，树莓派一边通过UNO主板控制L298N驱动板，调节马达的转速，使小车正常行驶；一边通过USB数据线控制摄像头，让摄像头每隔10秒拍摄一张照片。

第四节　原型开发

1. 有限状态机（FSM—Finite State Machine）

虽然使用 if-else 语句也可以实现避障功能，但这样一来程序中会需要很多嵌套的 if-else 语句去判断障碍物的情况和执行逻辑。为了简化程序设计，避免众多分支语句造成逻辑混乱，可以采用有限状态机的方法来存放小车的避障规则。

扫描二维码查看有限状态机的设计。

Tips

为了让小车有较好的探路能力，至少要安装 3 个超声波传感器。

状态机设计

先用图来描述超声波传感器的避障规则——圆圈表示状态，箭头表示事件。

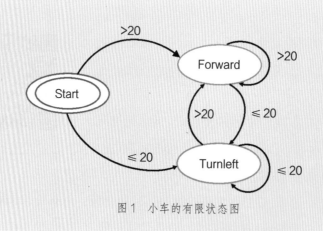

图 1　小车的有限状态图

默认情况下小车处于"Start"状态，当距离大于 20，转跳到"Forward"状态；当小于等于 20，从当前的"Forward"状态转跳到"Turnleft"状态；当大于 20，从"Turnleft"状态转跳到"Forward"状态。所有这些转跳状态都可以用表格形式存放，如表 1，然后通过一个"机器"来读取。例如，告诉机器当前状态是 Forward，并且事件是 LessThan20，则机器得到的下一个状态将是 TurnLeft。下面程序中所有的转跳状态都以表格数据形式存放，避免了一大堆分支嵌套语句。

表 1　有限状态表

当前状态	事件	下一个状态
Start	>20	Forward
Start	≤ 20	Turnleft
Turnleft	>20	Forward
Turnleft	≤ 20	Turnleft
Forward	>20	Forward
Forward	≤ 20	Turnleft

```
public FSM()
    {
        currentState = RoverState.Forward;
        transitionTable = new Dictionary<StateTransition, RoverState>()
        {
            { new
StateTransition(RoverState.Forward,DistanceEvent.GreaterThan20),RoverState.Forward},
            { new
StateTransition(RoverState.Forward,DistanceEvent.LessandEqualto20),RoverState.TurnLeft}
,
            { new
StateTransition(RoverState.TurnLeft,DistanceEvent.GreaterThan20),RoverState.Forward},
            { new
StateTransition(RoverState.TurnLeft,DistanceEvent.LessandEqualto20),RoverState.TurnLeft
},
            { new
StateTransition(RoverState.Start,DistanceEvent.GreaterThan20),RoverState.Forward},
            { new
StateTransition(RoverState.Start,DistanceEvent.LessandEqualto20),RoverState.TurnLeft}
        };
    }
```

对应表 1 中的 ">20"

对应表 1 中的 "≤ 20"

图 2　有限状态机中的事件在代码中的对应语句

2. 主程序

```
publicsealedpartialclassMainPage : Page

{

IStream connection;

RemoteDevice arduino;


UltraSonicSensor frontEye;

DispatcherTimer timer;
```

```
MediaCapture mediaCapture;

FSM fsm;
RoverState currentState, nextState;

// 建立 Arduino 与树莓派之间的连接
public MainPage()
    {
this.InitializeComponent();

    fsm = newFSM();

    connection = newUsbSerial("VID_2341", "PID_0043");
    arduino = newRemoteDevice(connection);
    connection.ConnectionEstablished += OnConnectionEstablished;
    connection.begin(57600, SerialConfig.SERIAL_8N1);

    }
//Arduino 与树莓派之间连接建立之后，执行拍照和超声波测距的功能
privatevoid OnConnectionEstablished()
    {

    InitializeCaptureManager();
    CapturePhoto();

this.Run();// 执行自定义函数 Run()
```

```
        }
// 自定义函数 Run()
publicvoid Run()
    {
        frontEye = newUltraSonicSensor(23, 24);
        timer = newDispatcherTimer();
        timer.Interval = TimeSpan.FromMilliseconds(50);
        timer.Tick += Loop;
this.Setup();
        timer.Start();


    }
privatevoid Setup()
    {


    }
privatevoid Loop(object sender,object e)
    {
double distance = frontEye.MeasureDistance();// 获得超声波模块的测量值
Debug.WriteLine("Distance:{0}",distance ); // 在调试窗口输出测量值


if (distance > 20) // 如果 distance 大于 20cm
    {
        nextState = fsm.GetNext(DistanceEvent.GreaterThan20);
// 获取小车的下一个状态
    }
else
    {
```

```
                nextState = fsm.GetNext(DistanceEvent.LessandEqualto20);
        }
    if (currentState != nextState)// 如果小车当前的状态与下一个状态不相等
        {
    if (nextState == RoverState.Forward)  // 当下一个状态是前进
            {
                arduino.digitalWrite(4, PinState.HIGH);
                arduino.digitalWrite(5, PinState.LOW);
                arduino.digitalWrite(7, PinState.HIGH);
                arduino.digitalWrite(8, PinState.LOW);


                arduino.analogWrite(10, 150);
                arduino.analogWrite(3, 150);
            }
    elseif (nextState == RoverState.TurnLeft)// 当下一个状态是左转
            {
                arduino.digitalWrite(4, PinState.LOW);
                arduino.digitalWrite(5, PinState.LOW);
                arduino.digitalWrite(7, PinState.LOW);
                arduino.digitalWrite(8, PinState.LOW);
    Task.Delay(200);


                arduino.digitalWrite(4, PinState.HIGH);
                arduino.digitalWrite(5, PinState.LOW);
                arduino.digitalWrite(7, PinState.LOW);
                arduino.digitalWrite(8, PinState.HIGH);
                arduino.analogWrite(3, 150);
                arduino.analogWrite(11, 150);
```

```
            }
        currentState = nextState; // 更新小车当前的状态
        }

Debug.WriteLine(currentState);


    }
// 自定义函数 InitializeCaptureManager()
privateasyncvoid InitializeCaptureManager() // 用于创建 mediaCapture 实例
    {
        mediaCapture = newMediaCapture();
await mediaCapture.InitializeAsync();
    }
 // 自定义函数 CapturePhoto()
privateasyncvoid CapturePhoto()  // 调用摄像头拍照
    {
for (; true;)
    {
ImageEncodingProperties imgformat = ImageEncodingProperties.CreateJpeg();
StorageFile file = awaitKnownFolders.PicturesLibrary.CreateFileAsync("TestPhoto.jpg",
CreationCollisionOption.GenerateUniqueName);
await mediaCapture.CapturePhotoToStorageFileAsync(imgformat, file);
awaitTask.Delay(10000);
    }


    }


    }
```

程序首先建立 Arduino 和树莓派之间的连接。之后执行拍照和超声波测距的功能。在执行 Run() 函数中，调用 Loop() 函数；在 Loop() 函数中，如果 distance 的值大于 20cm，那么获取小车的下一个状态，如果小车的当前状态与下一个状态不相等，再利用 if() 函数判断小车的下一个状态是什么。若小车的下一个状态为"Forward"，让小车前进；若是"Turnleft"，则让小车左转。

3. 测试

将程序上传后，用手遮挡超声波传感器。当障碍物距离大于 20cm 时，两边电机均正转；当距离小于 20cm，则左侧电机倒转，令小车左转，直到障碍物距离大于 20cm。扫描二维码，查看实验的效果。

扫描二维码下载带上传功能的完整代码。

测试效果

完整代码

本章小结

　　本章学习了如何制作小车巡逻兵，让它在行驶过程中完成自动避障和每隔 10 秒拍摄一张照片的功能。在这个项目中我们第一次将树莓派和 Arduino 结合在一起体验了一个物联网项目。由于本章部分内容与第六章"遥控小车"类似，原型部分未讲解的内容，请参考"遥控小车"一章，你也可以参考"遥控小车"的实施步骤安装小车巡逻兵的车体。

在线交流

　　Arduino 在传感器采样方面占有优势，而树莓派则在数据处理和复杂计算方面占有优势。在物联网发展趋势迅猛的今天，两者的结合也是一种自然的优势互补。经过本章项目的学习，你能否将树莓派与 Arduino 相结合来制作一个作品呢？例如手机控制的远程开关门锁。

　　如果你有好的创意，请扫描二维码将制作的项目与更多人分享，当然你也可以通过扫描二维码查看已经上传的作品。

第十章　更多项目

在本书编写过程中，我们尝试了很多种想法，有的是关于机械结构的，有的是关于图像视频的，有的是关于科学的。本章将介绍其中的四个案例，希望能够促使读者通过动手做的体验产生更多有趣的、有创意的想法。

第一节　Arduino 驱动乐高

乐高积木可以搭建出各种有趣的机械结构，而 Arduino 适合编写控制程序。能否将 Arduino 和乐高结合呢？例如做一辆 Arduino 控制的乐高避障小车，用乐高搭建避障小车的机械结构，用 Arduino 编写程序控制避障小车的运行，只要前方有障碍物，小车就能自动避开障碍物行驶。

1. 设计

将乐高与 Arduino 结合制作避障小车有两个困难点：一是乐高有自己的接口规格，不能直接用跳线和 Arduino 相连；二是乐高的价格昂贵，不宜采用破拆器件的方法引出接线。经过搜索发现，为了能将乐高电机、传感器和 Arduino 相连，Wayne and Layne 开发了一种称为 Bricktronics 的扩展板，它能将三者相连。使用时，将扩展板的针脚对准 Arduino 的引脚插紧即可。Bricktronics 扩展板上有 6 个端口，4 个接传感器，2 个接电机。

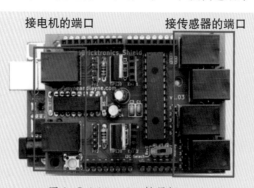

图 1　Bricktronics 扩展板

308

乐高小车需要两个电机控制运动，一个超声波传感器探测距离。由于扩展板已经包含了电机驱动电路，所以不需要额外的电机驱动板。

图 2　乐高小车实物图

2. 代码编写与测试

（1）安装 Bricktronics 类库

Bricktronics 要配合它的类库使用，这样可以大幅简化主程序的代码。扫描二维码，根据本书网站提示下载类库的 ZIP 文件，解压到 ArduinoIDE 的 Library 目录下，重新运行 IDE。

安装 Bricktronics 类库

（2）代码编写

```
// 定义部分
#include <Wire.h>
#include <Bricktronics.h>



class LegoUltrasonic:Ultrasonic
{
  private:
```

```
unsigned long _previousMillis;

long _intervalTime;


int _distance;

public:

void SetIntervalTime(long interval)

{

  _intervalTime=interval;

}

LegoUltrasonic(Bricktronics* brick,int portNumber):Ultrasonic(brick,portNumber)

{


  _intervalTime=50;

  //this->begin();

}

int getDistance1()

{

  return _distance;

}

void begin1()

{

  this->begin();

}

void Update()

{


  if((millis()-_previousMillis)>_intervalTime)

  {
```

```
    _previousMillis=millis();

    _distance=this->getDistance();

    Serial.println("getDistance"+String(_previousMillis));

    Serial.println(_distance);

  }

 }

};


Bricktronics controllerBrick=Bricktronics();

LegoUltrasonic dstSensor=LegoUltrasonic(&controllerBrick,4);

Motor mLeft = Motor(&controllerBrick, 1);

Motor mRight = Motor(&controllerBrick, 2);

int speed = 100;
// 初始化部分
void setup()
{
 Serial.begin(115200);

 controllerBrick.begin();

 dstSensor.begin1();

 dstSensor.SetIntervalTime(200);

 mLeft.begin();

 mRight.begin();

}
// 主函数部分
void loop()
{
 dstSensor.Update();    // 更新传感器

 if(dstSensor.getDistance1()>20)     // 如果超声波测量的距离大于 20cm
```

```
    {
// 小车向前行驶
    mLeft.set_speed(speed);

    mRight.set_speed(speed);

    }

  else

    {

// 小车向左转

    mLeft.set_speed(-speed);

    mRight.set_speed(speed);

    }


  delay(100);

    }
```

程序中自定义了一个超声波传感器类 Lego Ultrasonic 来封装超声波的代码，以简化 loop 程序。

小车向前行驶时，超声波模块负责测量小车前方的障碍物与小车之间的距离。如果距离大于 20cm，小车继续向前行驶；反之，小车向左转。如果有多个乐高超声波传感器，可修改程序让车左转或右转。

（3）总装与测试

乐高 Mindstorm 套件自带的说明中有履带车的制作步骤，可据此搭建小车，但需要稍作改动，使其能够承载 Arduino 与电池盒。如果有条件，可用薄木板按照乐高圆柱的规格打孔，便于紧固控制板。通电后会看到小车以比较缓慢的速度前进（因为乐高采用的是步进电机）。若超声波传感器探测到的障碍物距离大于 20cm，两个电机正转；若障碍物距离小于 20cm，小车左转（一个电机正转，另一个反转）。扫描二维码，查看实验效果。

实验效果

本节代码

第二节　Arduino 与计算机视觉

计算机视觉技术经常应用于人脸识别、运动物体跟踪、物体外形识别等方面。将计算机视觉技术与 Arduino 结合可以产生很多有趣的应用，例如让摄像机自动跟踪被拍摄人物，发现有人时自动录像，或者警示与前方保持车距等。本节以人脸跟踪为例，介绍 Arduino 和计算机视觉技术的结合办法。

1. 设计

基本的设想是用舵机制作一个云台，然后在云台上安装一个摄像头。当人脸移动时，云台自动转动，使人脸始终处于画面正中。

图 1　人脸跟踪实物图

计算机视觉的算法可用 OpenCV 实现。CV 是 Computer Vision(计算机视觉) 的缩写，Open 表示开源。OpenCV 是一个非常成熟的计算机视觉类库，提供了很多图形图像计算函数。只要在程序中调用相应的方法，就能得到需要的结果。关于 OpenCV 的详细信息可访问 http://opencv.org。

虽然 OpenCV 可以在很多计算环境下使用，但有些技术方案还是过于复杂或者过于消耗 CPU 资源。经过尝试发现，Processing 3.0 和 OpenCV 结合的方式最适合本项目。

系统的整体设计如图 2 所示，摄像头将图像数据传给计算机，经过 Processing 和 OpenCV 计算后得到人脸的坐标。然后根据坐标判断舵机应该朝哪个方向转动，并让舵机相应转动 1°。如此循环，直到坐标和中心点的偏差基本为 0。

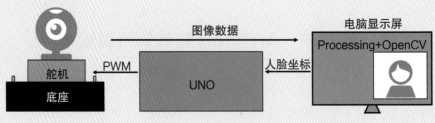

图 2　系统整体设计

2. 编程环境安装

（1）安装 Processing 开发环境

从 Processing 官网下载 3.0 软件包，解压到本地硬盘，点击 processing 的图标即可运行。

图 3　解压后的 Processing

 背景知识

　　Processing 是一种计算机语言，它以 Java 语法为基础，可转化成 JAVA 程序，但相比于 Java 程序简易许多。它的程序代码是开放的，应用千变万化，主要用于艺术、影像、影音的设计与处理。Processing 还可以结合 Arduino、树莓派硬件制作出很多互动性极强的作品。

（2）安装扩展库

　　根据设计，项目用到两个扩展库，一个是 OpenCV 库（人脸图像判别），另一个是 Video 库（摄像头捕捉）。安装方法如图 4 所示，点击菜单选项中的"速写本"→"引用文件"→"添加库文件"。

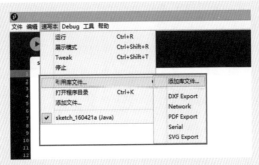

图 4　安装 OpenCV 扩展库

在弹出的对话框中输入"OpenCV"，可以搜索到 OpenCV 库函数，点击"Install"按钮，安装 OpenCV 库函数。

输入框

图 5　安装 OpenCV 扩展库

用同样的方式，搜索并安装 Video 库函数。

3. 实验验证

第一个实验首先尝试从摄像头捕捉的画面中识别人脸；第二个实验尝试用 Processing 程序控制舵机转动。

实验 1：人脸识别

用 USB 线连接摄像头与电脑，将下面这段程序输入 Processing。

```
// 引用库函数
import gab.opencv.*;
```

```
import processing.video.*;

import java.awt.*;

import processing.serial.*;


Capture video;              // 声明 video 对象，用于视频捕捉

OpenCV opencv;              // 声明 video 对象，用于人脸捕捉

Rectangle[] faces;          // 声明 faces 对象，用于存放人脸矩形的位置


void setup() {
 size(640, 480);
 video = new Capture(this, 640/2, 480/2);
  opencv = new OpenCV(this, 640/2, 480/2);  opencv.loadCascade(OpenCV.
CASCADE_FRONTALFACE);


 video.start();     // 启动视频拍摄的功能
}


void draw()
{
 scale(2);
 opencv.loadImage(video);


 image(video, 0, 0 );        // 创建一幅图片
 faces = opencv.detect();    // 取得图片中人脸的矩形框
 noFill();
 stroke(0, 255, 0);          // 设置笔的颜色
 strokeWeight(3);            // 设置笔的粗细
// 在人脸出现的区域画矩形框
 for (int i = 0; i < faces.length; i++)
```

```
    {
      rect(faces[i].x, faces[i].y, faces[i].width, faces[i].height);


    }
  }


  void captureEvent(Capture c) {
  c.read();

  }
```

程序实现的功能是利用摄像头捕捉视频，并将视频中人脸的位置用绿色的矩形框圈出。程序中需要注意的是，如果电脑本身带有摄像头，则需要将 video = new Capture(this, 640/2, 480/2); 代码换成 video = new Capture(this, 640/2, 480/2,Capture.list()[1])，点击 Processing 软件左上方的"运行"按钮，执行程序。

图 6　运行程序

让摄像头对准人脸或者人物照片，观察计算机屏幕上的 Processing 窗口是否出现绿色框。可以扫描二维码查看具体效果。

实验效果

图 7　人脸识别

317

实验 2：控制舵机

确保 Arduino 已经连接上一个舵机后，将 Arduino 通过 USB 线和电脑连接好然后给开发板写入 Firmata 程序，使 processing 能够通过 USB 控制开发板的引脚。具体步骤参见第九章相关部分。在 processing 中运行以下程序，让舵机来回扫动。

```
// 引用库函数
import java.awt.*;

import processing.serial.*;

import cc.arduino.*;
// 定义部分
Arduino arduino;        // 声明 arduino 对象，用于读写 Arduino 的引脚
int panDegree=90;
// 初始化部分
void setup()
{
 println(Arduino.list()[1]);
 arduino = new Arduino(this, Arduino.list()[1], 57600);   // 启动 Arduino
  arduino.pinMode(9,Arduino.OUTPUT);
 arduino.analogWrite(9,panDegree);// 设置舵机的角度为 90°
  delay(3000);
}
// 主函数部分
// 如果舵机的角度小于 160°，那么角度增加 2，否则设置舵机的角度为 90°
void draw()
 {
  if(panDegree<=160)
 {
   panDegree+=2;
  }
```

```
Else
{
  panDegree=90;
}
println("panDegree="+panDegree);
arduino.analogWrite(9,panDegree);
delay(100);
}
```

processing 程序开始运行后可以看到舵机先是转动到 90°的位置，然后慢慢地旋转，当舵机旋转到的位置大于或是等于 160°时，舵机再次回到 90°的位置。

4. 详细设计与原型开发

（1）详细设计

在验证实验的基础上，系统详细设计的连线如图 8 所示。扫描二维码，查看电路的连接过程。

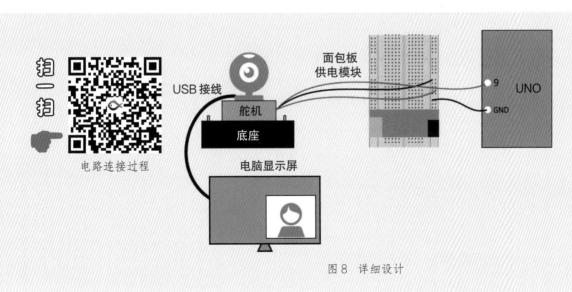

图 8　详细设计

舵机的电源线接在面包板上，从面包板的供电模块取电，再利用跳线将面包板上供电模块的负极引脚与 UNO 主板的 GND 引脚相连，使得舵机和 UNO 主板共地。只有当舵机没有负载时，才可以将舵机的电源线接 UNO 主板的 5V 和 GND 引脚；当舵机有负载时，

UNO 主板的供电量不足以支持舵机，因此需要利用外部电源为舵机供电。舵机的信号线与 UNO 主板的 9 号引脚相连。摄像头通过 USB 数据线与电脑相连。

（2）代码编写

```
// 调用库函数
import gab.opencv.*;
import processing.video.*;
import java.awt.*;
import processing.serial.*;
import cc.arduino.*;


Capture video;         // 声明 video 对象，用于视频捕捉
OpenCV opencv;         // 声明 opencv 对象，用于人脸捕捉
Rectangle[] faces;     // 声明 faces 对象，用于存放人脸矩形的位置
Arduino arduino;       // 声明 arduino 对象，用于读写 Arduino 的引脚
int ledPin = 13;
int panDegree=90;
// 初始化
void setup()
  {
  size(640, 480);// 设置 processing 视频框的大小
  video = new Capture(this, 640/2, 480/2,Capture.list()[1]);
  opencv = new OpenCV(this, 640/2, 480/2);
// 让 opencv 识别人脸
  opencv.loadCascade(OpenCV.CASCADE_FRONTALFACE);
// 开启视频捕捉
  video.start();
// 通过 Firmata 控制舵机旋转的角度
  println(Arduino.list()[1]);
```

```
arduino = new Arduino(this, Arduino.list()[1], 57600);

arduino.pinMode(ledPin, Arduino.OUTPUT);

arduino.pinMode(9,Arduino.OUTPUT);

arduino.analogWrite(9,panDegree);

delay(3000);

}
// 主函数部分
void draw()

{

 scale(2);     // 放大两倍

 opencv.loadImage(video);   // 让 opencv 从摄像头读取数据


 image(video, 0, 0 );          // 创建一幅图片

 faces = opencv.detect();     // 取得图片中人脸的矩形框

 noFill();

 stroke(0, 255, 0);             // 设置画矩形框笔的颜色

 strokeWeight(3);               // 设置笔的粗细

 for (int i = 0; i < faces.length; i++)

{
// 根据上面的设置，创建 i 个矩形
rect(faces[i].x, faces[i].y, faces[i].width, faces[i].height);
// 设置舵机的转动角度
if(faces[0].x+faces[0].width/2-320/2>0)
{
   if(panDegree>=10&&panDegree<=170)
{
    panDegree-=2;
   }
```

```
    }
    else if(faces[0]:x+faces[0].width/2-320/2<0)
    {
     if(panDegree>=10&&panDegree<=170){
       panDegree+=2;
      }
    }
    if(panDegree<10){panDegree++;}
    if(panDegree>170){panDegree--;}
    arduino.analogWrite(9,panDegree);delay(10);
    println(panDegree);
   }
  }
  void captureEvent(Capture c)
  {
  c.read();
   }
```

程序首先调用了五个库函数，然后声明对象。在初始化中完成了 processing 视频框和舵机初始角度的设定。在主函数 draw() 中，首先让 opencv 从摄像头读取数据，然后设置绘制人脸矩形框的笔的颜色和笔迹的粗细。再利用 if() 循环检测镜头前人脸的个数，并在每一个人脸的部位画上矩形框。如果人脸移动，通过 arduino 对象将旋转角度发给 Arduino 主板，舵机的角度也随之发生旋转。

5. 测试

用 USB 线连接摄像头与电脑，再将 Arduino 板与电脑相连，并将代码上传至 Arduino 板，运行程序。试着在摄像头前放置一张照片，观察照片人脸位置是否出现绿色的矩形框；移动照片，看摄像头是否会随着照片的移动而转动。扫描二维码，查看测试效果。

图 9　云台 + 摄像头

实验效果

本节代码

第三节 Arduino 与 PID 闭环控制

要想让一辆小车能够匀速地上坡和下坡，让一辆车只靠两个轮子站在地上或者让四轴飞行器自动悬停，这些控制过程中都要用到 PID。四轴飞行器具有四个马达，四个马达的转速总是会存在某种程度上的差异，因此四轴飞行器飞行时可能就会出现一直向某个方向偏转的情况。利用 PID 闭环控制，可以有效地调节这种情况，让四轴飞行器平稳飞行。

图 1 四轴飞行器

1. PID 的作用

PID（Proportion，Integration，Derivative）是一种最简单的闭环控制理论，其中 P 代表"比例控制"，I 代表"积分控制"，D 代表"微分控制"，所以简称 PID。PID 能够让一个系统（一辆车、一架飞机或一个机器人等）快速地达到某个设定的状态（如 0.5m/s 的速度，3m 的悬停高度等）。

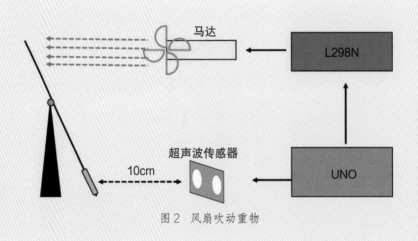

图 2 风扇吹动重物

为理解 PID 的作用，请看下面这个例子。观察图 2 所示的一个系统，一块板架在一个支架上，下端附有一个重物。当电扇的风吹向板的上端，下端则会靠近超声波传感器。要想让板的下端与超声波传感器的距离稳定在 10cm，控制程序该如何编写呢？

如果简单地以 10cm 为阈值决定是否启动风扇，则并不能令系统达到稳定的状态，因

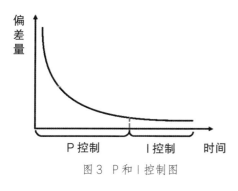

图 3　P 和 I 控制图

为一旦到达阈值，电机就会完全停止，所以只能是让板不停地来回摆动。显然，以 10cm 为阈值，风扇吹出的风力（假设风扇功率足够大）与重物到超声波传感器的距离成比例，距离越远，风力越大，距离越近，风力越小。当距离值与 10cm 阈值之间的偏差量足够小，以至于比例控制不能精准调节时，则需要用到时间积累偏差（Integration）。也就是将第一次循环测到的偏差加上第二次循环测到的偏差，不断重复此过程，直至偏差为零。

D 用于修正突变或过冲，即短时间内偏差量发生的较大变化。大多数系统都能接受过冲。例如小车，过冲便是转弯的幅度大些，但很快能扭转过来。但是，某些需要精确控制的溶液浓度或鱼缸温度就不能接受过冲情况的出现，此时需要使用到 D（Derivative）。实际应用中，D 用得比较少，多数情况下 P 和 I 就足够了。

2. 设计

本节将以小车为例，介绍 Arduino 项目中最简单的 PID 编程方法。小车的结构借用第六章"遥控小车"的设计，除去了无线模块，但需要在车头装上一个超声波模块测距。当前方障碍物到小车的距离值小于 20cm 时，小车自动后退到离障碍物 20cm 的位置。

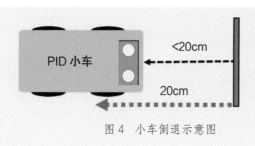

图 4　小车倒退示意图

3. 代码与测试

（1）代码编写

```
// 调用 PID_v1.h 库函数
#include <PID_v1.h>
// 定义部分
double Setpoint, Input, Output;
```

```
PID myPID(&Input, &Output, &Setpoint,2,5,1, DIRECT);
class UltrasonicSensor
{
/* 略 */
};
UltrasonicSensor _frontEye;   // 创建 _frontEye 对象，超声波测量障碍物距离
float Kp = 20;
float Ki = 0.01;
float Kd = 0;
// 初始化部分
void setup()
{
  pinMode(12, OUTPUT);
  pinMode(13, OUTPUT);
  pinMode(3, OUTPUT);
  pinMode(4, OUTPUT);
  pinMode(5, OUTPUT);
  pinMode(6, OUTPUT);
  pinMode(7, OUTPUT);
  pinMode(8, OUTPUT);


  _frontEye.Begin(12, 13);        // 启动超声波
Input = _frontEye.GetDistance();        // 获得超声波测量的距离
Setpoint = 10;
myPID.SetControllerDirection(DIRECT);
// 开启 PID
myPID.SetMode(AUTOMATIC);
```

```
        digitalWrite(4, LOW);

        digitalWrite(5, HIGH);

        digitalWrite(7, LOW);

        digitalWrite(8, HIGH);

    }

    // 主函数部分

    void loop()

    {

        _frontEye.Update();     // 利用超声波测量距离

        Input = _frontEye.GetDistance();  // 获得超声波测量的距离

        myPID.Compute();            // 利用 PID 对小车的状态进行控制

        analogWrite(3, Output);// 将 PID 计算之后返回的结果写到 3 号引脚

        analogWrite(6, Output);// 将 PID 计算之后返回的结果写到 6 号引脚

    }
```

代码中省略了关于超声波的类的部分，完整的程序可以扫描二维码查看。

主函数中首先调用 Update() 测量障碍物的距离，并将距离值存入 Input 中，接着利用 Compute() 对小车的状态进行控制，将得到的 Output 的值写入 3 号和 6 号引脚。

完整代码

（2）测试

将代码上传到 UNO 主板，接通小车的电源，将手放在距超声波传感器不到 20cm 的位置，查看小车是否会自动后退。扫描二维码查看测试效果。

实验效果

4. PID 调参

P、I、D 三个参数的值应该设置为多少？由于车轮直径、电机扭矩、电池性能均直接影响车的动态特性，所以相同的代码放到不同的车上都必须重新设定 P、I、D 的参数值。

最简单的办法就是在 Arduino IDE 中直接修改 Kp、Ki、Kd 的值，然后将代码上传至

327

UNO 主板，进行测试，直到肉眼看上去系统的表现比较稳定为止，但这样做极为耗时。因此，有人尝试在小车上安装 3 个电位器，通过旋转电位器来调节 PID 的参数值。

本节代码

还有一种办法就是用 MathLab 的 Simalink 软件做仿真计算。它的优点是能很快地得到最优化的 P、I、D 参数值，但前提是需要一定的数学知识。现实中并非所有的动态系统都能用数学模型描述，所以大多数情形下仍旧使用手动调参的方式。

第四节　Arduino 与空气质量监测

空气灰尘含量的高低对空气质量造成极大的影响，从每日的天气预报中，能够得知一个城市环境污染的指数，但我们生活的区域内灰尘含量究竟是怎样的呢？本节尝试将 Arduino 与灰尘传感器结合，测量所生活的区域中灰尘的含量，并统计同一地点不同时间灰尘的含量。

1. 设计

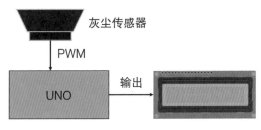

图 1　系统设计图

系统设计图如图 1 所示，灰尘传感器用于测量环境中灰尘的含量，灰尘含量越高，灰尘传感器输出的 PWM 信号值越大。将灰尘传感器、液晶 LCD 和 UNO 主板结合，计算出环境中灰尘的含量，并将它的数值用液晶 LCD 输出。

2. 详细设计与代码

（1）详细设计电路图

扫描二维码，查看电路的连接过程。

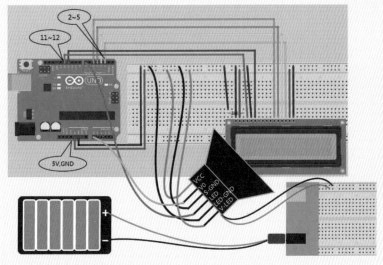

扫一扫

电路连接过程

图 2　空气灰尘监测系统电路图

（2）代码编写

```
#include <LiquidCrystal.h>
int measurePin = 0;
int ledPower = 7;
int samplingTime = 280;// 等待 LED 开启的时间是 280 μs
int deltaTime = 40;// 整个脉冲持续时间为 320 μs，因此我们还需再等待 40 μs
int sleepTime = 9680;
float voMeasured = 0;
float calcVoltage = 0;
float dustDensity = 0;
#define dustPin A0
// 构造一个 LiquidCrystal 的类成员 lcd。使用数字 IO ,12,11,5,4,3,2
LiquidCrystal lcd(12,11,5,4,3,2);
void setup(){
  Serial.begin(9600);
  pinMode(ledPower,OUTPUT);
  lcd.begin(16,2);                    // 初始化 LCD1602
  lcd.print("Welcome ！  ");          // 液晶显示 Welcome ！
  delay(1000);                        // 延时 1000ms
  lcd.clear();
}
void loop()
{
digitalWrite(ledPower,LOW);
delayMicroseconds(samplingTime);
voMeasured=analogRead(measurePin);
delayMicroseconds(deltaTime);
digitalWrite(ledPower,HIGH);
```

```
delayMicroseconds(sleepTime);

calcVoltage=voMeasured*(5.0/1024.0);

dustDensity = 0.17* calcVoltage - 0.1; // 将电压值转换为粉尘密度

Serial.print("Dust Denstiy:");

Serial.print(-dustDensity);

delay(1000);

lcd.setCursor(0,0);                    // 设置液晶开始显示的指针位置

 lcd.print("Dust =");                  // 液晶显示"Dust ="

 lcd.setCursor(0,1);

 lcd.print((-dustDensity)*1000);

}
```

3. 测试

扫描二维码查看测试效果。

实验效果

图3　成品实物图

带着制作完成的空气灰尘监测系统在同一时段实地测量学校不同地点的灰尘量，测量结果如图4所示。其中桃李居教师食堂的灰尘含量最高，图书馆的灰尘含量最低。

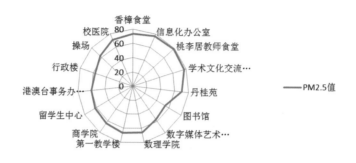

图 4　同一时间段不同地点的灰尘含量

　　另外还在同一个地点每隔一小时测量一次，测量的结果如图5所示。从图中可以看出，凌晨一点时环境中灰尘含量最高，早上七点时灰尘的含量最低。

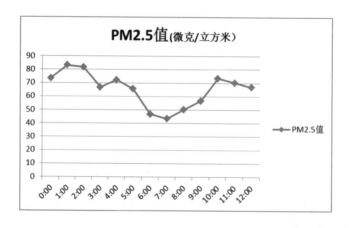

图 5　同一地点不同时间段的灰尘含量

　　根据实地测量的数据进行分析，可以发现灰尘含量的高低或许与人的活动频繁程度有关。因为雷达图上数值较高的点是食堂、教学楼等熙熙攘攘的地方，而行政楼、图书馆则相对清静得多。折线图也体现出午夜后灰尘数值逐渐降低，直到早晨多数人起床后又逐步增加。可以尝试用 PIR 红外传感器，或者 OpenCV 制作一个人流密度数据记录装置，将采集到的数据与灰尘数据做相关性分析计算，检验上述假设是否正确。

本节代码

附 录

附录 1　焊接的方法

通过焊接可以把导线与导线、导线与器件牢固地连接在一起，从而避免因接触不良而造成的电路不通等异常情况。下面以两股导线的焊接为例（导线连接不常用此种方法，此处仅作为讲解示例）：

材料：①导线②夹子③电烙铁④焊锡

烙铁贴住焊接点，使导线升温，然后将焊锡放在焊点上，受热后融化。此时应迅速拿开烙铁，让焊锡凝固，二根导线连为一体。扫二维码观看具体操作。

扫一扫

电烙铁操作

图 1　焊接导线示意图

选择烙铁应注意（针对本书的相关实验或类似的实验）：

1. 烙铁头为尖头，因为大多焊点很小。

2. 焊头最好有螺丝固定，而不是直接套在上面的。因为金属焊头加热后会膨胀，易脱落，损坏桌面上的器件。

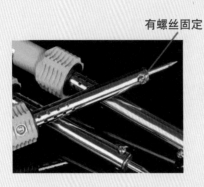

图 2 焊头示意图（1）

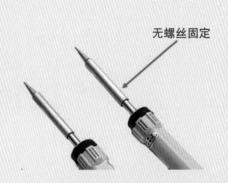

图 3 焊头示意图（2）

3. 焊锡种类分为含铅、无铅、高温、低温等，此外还有不同粗细规格。建议选择粗细为 0.1cm 的低熔点含铅焊锡，含铅量高的焊锡熔点低且易附着凝固。但千万注意，焊接时要保持室内通风，避免吸入焊锡融化产生的烟雾；焊接完毕后要洗手。

导线——比较好的导线是铜芯外部裹上硅胶绝缘层，柔软，耐高温且导电性好。便宜的导线常用铝和塑料绝缘层。

焊接前，通常要用剥线钳剥去一截导线（约 3cm）的绝缘层。本书实验中，建议选用剪刀型适合细线的剥线钳。如果没有剥线钳，也可以用剪刀。

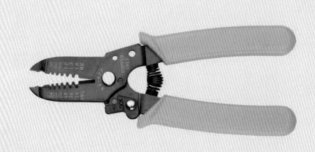

图 4 剥线钳

附录2　万用表的使用

问题1: 由于LED两端承受的电压有限,在电路中通常需要给LED串联一个电阻,分担LED的电压。如何利用数字万用表测量电阻值,为LED选择一个220Ω的电阻呢?

解决方案:

测量电阻的阻值共分为两步。

第一步:将万用表黑表笔插入COM孔,红表笔插入$V\Omega$孔,万用表的旋钮打到Ω所对应的量程。

第二步:将表笔接触电阻两端的金属部位,测量时可以用一只手稳住电阻,但是两只手不要同时接触电阻的金属部位,否则会影响测量的精确度,因为人体是一个电阻有限大的导体。读数时,要保证表笔和电阻有良好的接触。测量的电阻值就是万用表上显示的数据,单位是所选择的量程的单位。

例如,当量程打到"200"档,单位为"Ω",万用表读取数据为"560",那么电阻阻值为"560Ω";当量程打到"2K—200K"档,单位是"$K\Omega$",万用表读取数据为"0.56",那么电阻阻值为"$0.56K\Omega$",即560Ω。

扫二维码观看具体操作。

万用表测电阻

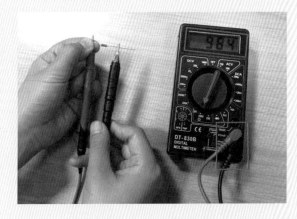

图1　测电阻示范

提示：

1. 如果被测电阻值超出所选择量程的最大值，将显示过量程"1"，这时应选择更高的量程。对于大于 1MΩ 的电阻，读数要几秒钟后才能稳定，最终取稳定的读数。

2. 当没有接好时，即开路情况，仪表显示为"1"，这时要检查表笔与电阻是否断开。

问题 2：实验电路已经按照电路接线图连接好了，烧录上代码之后发现实验器件无法正常运行，有可能是电路中某个地方的接线没有接好，这时需要测量连接的器件两端是否有电压存在。若有电压，可以排除器件没有连接好的可能。如何利用数字万用表测量电路中器件两端的电压呢？下面以测量电源两端的电压为例予以说明。

第一步：将万用表的黑表笔插入 COM 孔，红表笔插入 VΩ 孔。将万用表的旋钮打到比估计值大的量程。表盘上的数值均为最大量程，其中"V–"表示直流电压档。

第二步：用表笔接器件的两端，保持接触稳定，不要用手触摸表笔的金属部分。这时数字万用表上显示出的数字就是此器件两端的电压值。

提示：

1. 如果万用表上显示的数字为"1"，说明选择的量程太小，需要旋转旋钮选择更大的量程后，再进行测量。

2. 如果万用表上显示的数值左边出现"–"，表明表笔接反了，需要将表笔交换后再进行测量。

扫二维码观看具体操作。

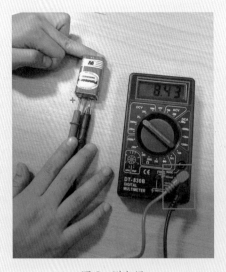

图 2　测电压

扫一扫

解决方案

附录3　杜邦线的制作

问题：在制作 Arduino 项目的过程中可以发现，杜邦线的长度一般在 15~31cm。但是在实际连接电路的过程中，根据项目的需要，有时可能需要更长一点或更短一点的杜邦线，甚至要换一种杜邦头，这时需要自己动手制作杜邦线。怎么制作杜邦线呢？

材料和工具：剥线钳、钳子、杜邦线簧片、杜邦头端子和排线。

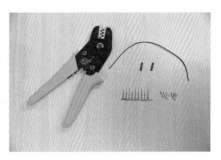

图1　工具与材料

制作杜邦线共分为三个步骤。

第一步：选择一根排线，将排线一端的塑料外壳剥离，剥离的长度大概 0.5cm。

图2　剥线示范

第二步：将杜邦线的簧片放置在钳子的口上夹住，不要夹死，这是为了固定杜邦线的簧片，同时将杜邦线的簧片留一部分出来，不能全部夹在钳口上。

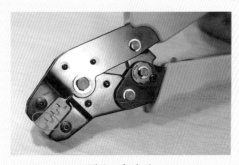

图3　夹端子

第三步：将第一步中杜邦线上已经剥离好的那端放入钳子夹住的杜邦线簧片的部分，用力压紧，压完之后的线，如图 4 所示。

图 4　压线

第四步：利用相同的方式处理杜邦线的另一端，处理完成后，最后为杜邦线的两端套上杜邦线头端子，这样一根杜邦线就完成了。

图 5　接头

扫二维码观看具体操作。

杜邦线制作

图 6　制作完成的杜邦线

附录4　废料的处理

在实验和开发过程中不可避免地会产生损坏的电路板、电机及旧电池等废料。这些废料多含有微量的铅等重金属，直接进入环境会造成污染。最好准备一个废料盒，将损坏的器件、焊接产生的碎屑都及时收集起来，届时统一处理。

电池

小区里基本上都有回收旧电池的地方。普通的碱性电池，充电电池可直接投入回收箱。

电路板

电路板需要送到专门的回收站。由于各地情况不同，最好找资质比较好的回收机构。

附录5 器件的整理

随着制作的项目越来越多，各种各样的器件也会随之增加。如何整理逐渐增多的器件呢？整理器件需要两个步骤，先是对器件进行分类，再根据分类将器件归整到零件盒内。

分类：建议采用图1所示的方式进行分类。

存放：建议采用可分割组合的抽屉式零件盒。每个盒子内可以分成多个小方格，且

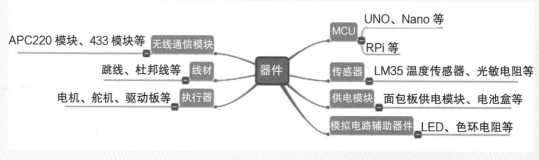

图1 零件分类

多个盒子可以堆叠。同时在零件盒的正面贴上标签，便于取用后放回原处。

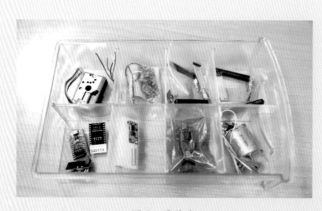

图2 零件盒